新时代乡村振兴现代农业新技术系列丛书

黄州萝卜优质高产栽培生产技术

主　　编　李世升　葛长军

副 主 编　肖云丽　向　福　喻晓敏　汤行春　张贵生

参　　编　李竟才　董洪进　彭　倩　朱　莉　闫　良
徐丽荣　杜红园　孙亚林　吴　鹏　涂　卫
蒋艳艳　代俊芬

华中科技大学出版社

中国·武汉

内 容 简 介

黄州萝卜是黄冈市具有浓厚地方特色的常规萝卜品种，为国家地理标志保护产品，为进一步发挥黄州萝卜的社会经济效益，特编写此书。

本书内容包括概述、黄州萝卜生物学基础、黄州萝卜高效栽培技术、病虫害防治技术、黄州萝卜制种技术、黄州萝卜储藏技术、黄州萝卜食用与加工技术，系统介绍了黄州萝卜优质高产栽培生产技术的要点。

本书内容充实系统，技术科学实用，文字通俗易懂，可操作性强，是黄州萝卜生产的实用性手册，可供广大菜农和基层农业技术推广人员学习使用。

图书在版编目(CIP)数据

黄州萝卜优质高产栽培生产技术/李世升，葛长军主编.—武汉：华中科技大学出版社，2022.7

ISBN 978-7-5680-8281-5

Ⅰ.①黄… Ⅱ.①李… ②葛… Ⅲ.①萝卜-蔬菜园艺 Ⅳ.①S631.1

中国版本图书馆 CIP 数据核字(2022)第 094586 号

黄州萝卜优质高产栽培生产技术 李世升 葛长军 主编

Huangzhou Luobo Youzhi Gaochan Zaipei Shengchan Jishu

策划编辑：罗 伟　　责任编辑：郭逸贤

封面设计：孙雅丽　　责任校对：刘 竣

责任监印：徐 露

出版发行：华中科技大学出版社(中国·武汉)　　电话：(027)81321913

武汉市东湖新技术开发区华工科技园　　邮编：430223

录 排：华中科技大学惠友文印中心

印 刷：广东虎彩云印刷有限公司

开 本：710mm×1000mm 1/16

印 张：9 插页：2

字 数：137 千字

版 次：2022 年 7 月第 1 版第 1 次印刷

定 价：58.00 元

前言

萝卜原产于欧亚地区，我国有着十分悠久的栽培和食用萝卜的历史。此外，萝卜很早就作为药物被广泛使用，有“大众人参”“菜中人参”的美誉。黄州民间更有“萝卜上了街、药铺不用开”“冬食萝卜夏食姜，少劳医生开药方”等食疗谚语广为流传，并且得到了实践的检验和古今中外医学界的认可。

黄州萝卜是湖北省黄冈市具有浓厚地方特色的常规萝卜品种，有着悠久的种植历史，其因有“生食甜，熟食香，腌食脆，冬藏春食好煨汤”等优点深受广大民众喜爱。随着黄州萝卜影响力和知名度不断提高，黄州萝卜产生了巨大社会经济效益和生态效益。为进一步发挥黄州萝卜的社会经济效益，特编写《黄州萝卜优质高产栽培生产技术》一书，一方面可以加大对黄州萝卜的宣传，促进黄州萝卜种植与加工技术的推广，使其名片效应得以扩大；另一方面可以增强社会各界对黄州萝卜地理标志产品的关注与投入，真正发挥地理标志产品应有的作用和价值。

本书的出版得到了湖北省普通本科高校“荆楚卓越人才”协同育人计划（鄂教高函〔2016〕35 号）、2018 年中央引导地方科技发展专项（2018ZYYD019）和湖北省科技创新专项（2021BBA097）的资助，还得到了黄冈师范学院生物与农业资源学院、黄冈市农业科学院的大力支持。最后，感谢在本书图片及文字编辑中付出时间和精力的黄冈师范学院学生肖语星、高怡佳、李唯真、朱雨欣、程美娟、刘铭茹、白舒云、张璐瑶、叶晓林和肖陈晨等。

由于时间仓促，编者水平有限，书中难免存在不妥之处，敬请读者不吝赐教。值此本书出版之际，对本书参考的一些文献资料的作者表示衷心感谢！

编　者

目录

第一章

概述

一、黄州萝卜的栽培历史与现状

（一）黄州萝卜的栽培历史

黄州萝卜种植历史悠久。史料记载，黄州萝卜已有近千年的栽培历史。据说，早在东汉时期，曹操驻兵黄州时，曾因“兵吃萝卜马吃菜”而使黄州萝卜盛名天下。宋朝著名诗人苏东坡居住黄州时所食“东坡肉”“东坡鱼”都要用黄州萝卜相佐。明弘治《黄州府志》记载，黄州萝卜体大皮薄，水分充足，含糖量高，肉脆味美，生食甜脆可口似水果，熟食味佳，回锅而不烂，有“生萝卜甜、熟萝卜香、腌萝卜脆，冬藏春吃更有味”之称。清乾隆《黄冈县志》记载，自演武厅——下巴河口（今指黄州东南沿江长圻廖、孙镇一带）瓜菜地有萝卜，大者一枚十余斤。长圻廖至孙镇一带全长四十余里（1 里＝500 米），盛产萝卜、瓜菜，历史上誉称“四十里菜园”。中华人民共和国成立前，每到寒冬时节，黄州长圻廖一带，每天有上百条船运载黄州萝卜到武汉、鄂州、黄石出售。

黄州有句流传颇广的顺口溜：过江名士笑开口，樊口鳊鱼武昌酒，黄州萝卜本味佳，盘中新雪巴河藕。享有“医圣”之称的名医李时珍评价萝卜有滋补药膳之功效，乃蔬中最有利者。因此，黄州萝卜又有“大众人参”“菜中人参”的美誉。黄州民间更有“萝卜上了街、药铺不用开”“冬食萝卜夏食姜，少劳医生开药方”等广为流传的食疗谚语。1959 年，黄州萝卜被选送参加国庆十周年全国农产品展览并获奖；黄州萝卜在《湖北蔬菜品种志》近 600 个蔬菜产品中名列榜首；1992 年其又被选入湖北省名、特、优、新农产品开发项目库，成为湖北省具有开发前景的名优农产品资源之一；2008 年黄州萝卜正式成为国家地理标志保护产品，其保护范围包括湖北省黄冈市黄州区陶店乡、路口镇、堵城镇、禹王街道办事处、东湖街道办事处、南湖街道办事处 6 个乡镇街道办事处所辖行政区域；2011 年黄州萝卜被评为湖北省名优蔬菜，成为黄冈市蔬菜产业的一张“名片”。

（二）黄州萝卜的栽培现状

20世纪90年代开始，原黄冈县（黄州区前身）政府组织科技力量，加强对黄州萝卜科技攻关。20世纪80年代中期至20世纪90年代，黄州萝卜提纯复壮技术取得重大突破，经华中农业大学专家检测认定，黄州萝卜中多项有益矿物质和微量元素含量超过或达到国内外同类萝卜水平，而荣获湖北省科技进步奖三等奖，并在1989年版《湖北蔬菜品种志》近600个蔬菜产品中名列榜首。2007年黄州萝卜在第三届全国绿色食品博览暨采购大会上被评为畅销产品。

2008年，黄州萝卜被国家质量监督检验检疫总局评为国家地理标志产品并予以保护。

2009年，黄冈市黄州区黄州萝卜年产量达到28万吨，年产值5亿元。

2011年，黄州萝卜被评为湖北省名优蔬菜。

2012年，黄州萝卜提纯复壮和原种繁育取得了初步成效。通过李家寨村、杨凌港蔬菜种植基地、南湖蔬菜标准园等地对提纯复壮的黄州萝卜种子进行试种，黄州萝卜品质和产量得到提高，亩（1亩≈667平方米）平均产量达到3250千克，平均亩增产750千克。

截至2018年底，黄州萝卜种植面积达5万亩，总产量达8万余吨，年产值超过10亿元。黄州萝卜的主要加工企业有黄冈市永通食品有限公司、黄冈市康尔达食品有限公司和黄冈市绿叶食品有限公司等6家，年加工量达70万吨。

（三）品质与地域的联系

黄州萝卜的独特品质与生长环境密切相关。黄州地处亚热带湿润气候区，日照充足，常年日照时数为2082小时，雨量充沛，年均降水量为1233毫米，四季分明。土地条件为灰潮泥沙壤与棕壤混合型土壤，土层深≥30厘米，土壤pH为6.0～8.0，土壤有机质含量≥1%。特殊的气候条件造就了黄州萝卜独特的品质。一是黄州萝卜主产区土壤中钙、镁等金属离子含量较高，加之黄州萝卜独特的基因型，使得黄州萝卜中钙、镁等金属离子含量也较高；二是黄州萝卜由于含有较多的镁离子，使叶片中叶绿素含量较外地的萝卜高，能合成更多的碳水化合物以及其他物质，因此黄州萝卜水分少，干物质含量多，适宜煨汤、腌制；三是黄州萝卜产区地处滨江滨湖平原，光照、热量充足，温度、湿度适宜，特殊的小气候造成黄州萝卜维生素C的含量较外地萝卜高。

二、黄州萝卜的特殊价值与发展前景

（一）黄州萝卜特征

黄州萝卜专指当地生产的斛斗型、斛筒型黄州萝卜。斛斗型黄州萝卜肉质根上部小，下部大，底部平，中间微凹；肉质根入土部分1/2，呈白色，出土部分1/2，呈黄绿色；质地紧密，味稍甜；单个肉质根重700克左右，肉质根长15厘米左右，水分含量92%左右，可溶性糖≥4.0%，维生素C≥30毫克/100克，粗纤维≤12克/千克。斛筒型黄州萝卜肉质根形状与斛斗型黄州萝卜相似；肉质根入土部分3/4，呈白色，出土部分1/4，呈绿白色；质地紧密，味甜、香脆；单个肉质根重1000克左右，肉质根长18厘米左右，水分含量90%～92%，可溶性糖≥4.0%，维生素C≥30毫克/100克，粗纤维≤12克/千克。

（二）黄州萝卜的营养价值

黄州萝卜长得粗壮，形似冬瓜，人称“冬瓜萝卜”，有着悠久的种植历史，以清香著称。明弘治《黄州府志》记载，黄州萝卜体大皮薄，水分充足，含糖量高，肉脆味美，生食甜脆可口似水果，熟食味佳，回锅而不烂，有“生萝卜甜、熟萝卜香、腌萝卜脆，冬藏春吃更有味”之称。黄州萝卜的营养成分包括水分、糖、钙、镁、铁、磷、胡萝卜素、还原型维生素C、粗蛋白质和粗纤维等。

（三）黄州萝卜的发展前景

黄州萝卜物美价廉，是食药兼优的大众化蔬菜，民间素有“冬令萝卜赛人参”之说。黄州萝卜汁含有多种维生素及其他对人体有益的营养成分，可调和牛奶、果汁等，配制成牛奶萝卜饮料、萝卜果汁饮料、萝卜冰激凌等。选上好的黄州萝卜晒干，将之研磨成粉后，拌入面粉中，然后加入糖、肉、葱、香菇等，可做成黄州萝卜面包、黄州萝卜饼干、黄州萝卜糕点等。黄州萝卜含有丰富的矿物质，对正在生长发育的儿童有益。黄州萝卜不仅有降低胆固醇的作用，还可减少高血压和冠心病的发生。黄州萝卜可单用，也可与其他食物配合进行食疗。可见，黄州萝卜是一种食药皆宜的蔬菜佳品，发展潜力很大。

目前，黄州萝卜产品的消费结构面临着升级。随着人们收入水平的提升以及对食品质量安全性的关注，消费者对黄州萝卜产品质量提出了更高的要求，绿色、有机黄州萝卜的快速发展将满足消费者更高层次的需求，因此黄州萝卜的生产经营者更加倾向于提升产品质量以塑造品牌来赢得竞争。现在很多国家对开发萝卜食品十分重视，并取得了可喜的成果。而我国在这方面几乎是空白，大部分萝卜只是鲜吃、鲜用，有的地方还把富余的食用萝卜作为畜禽的青饲料。如果能结合实际资源，启动开发黄州萝卜食品，市场前景将十分光明。2018 年，我国萝卜表观消费量达到 4404 万吨，人均消费金额达 39.85 元。

（四）产业化发展存在的问题

（1）黄州萝卜生产基础设施条件差，难以保障黄州萝卜的品质。黄州区黄州萝卜的生产设施建设大部分是在中华人民共和国成立后到 20 世纪 80 年代初完成的。但是近三十年来，由于农业生产设施投入严重不足，需要除险加固的水库多，水利设施和乡村道路不配套，黄州萝卜生产受水利条件制约因素影响较大，“雨养农业”的格局依然存在。虽然黄州萝卜在国内外享有一定的声誉，但都未形成拳头产品，规模不够，没有市场优势，不少只是“珍品”“贡品”“礼品”，未能产生名牌效应。主要原因还是其为“原”字号产品，或只经过简单的初级加工，而进行深加工、精加工、系列加工的产品不多。黄州萝卜加工增值不够，形成了“一等原料，二等加工，三等价格”的滞后局面。

（2）黄州萝卜生产投入不足，科技研究应用滞后。用于扶持黄州萝卜生产的投入有限，农技推广部门“有钱养兵，无钱打仗”的局面普遍存在，人员知识结构老化，知识更新缓慢，对黄州萝卜的提纯复壮工作和规范栽培技术的研究应用手段落后，农民群众学无榜样，看无样板，急需政府财政资金的支持引导。

(3) 黄州萝卜生产处于自发状态，缺乏科学的产业规划。历史上黄州区大多数农户栽培少量黄州萝卜，主要用作家庭日常蔬菜、腌渍酸萝卜和萝卜酢等。改革开放后，随着人民生活水平的逐步提高，优质黄州萝卜需求量增大，价格上涨。因此，在利益驱动下，农民在黄州区大规模栽培黄州萝卜，成为农民增收的一条重要途径。但由于缺乏政府的引导和科学规划，无论是在栽培技术还是在品种选育和生产技术上都存在相当大的盲目性，严重影响了黄州萝卜生产综合效益的进一步提高。

(4) 缺乏统一的种植和检测标准，黄州萝卜的生产和加工效益没有得到有效发挥。黄州萝卜生产没有良种供应体系，所需种子主要是农民自己留种或在自由市场采购，加之品种的布局不合理，同一地区生产栽培的品种过多，在同一小范围的地块中，既有黄州萝卜品种，又有异地萝卜品种；既有常规种，又有杂交种，良种保纯极其困难，造成黄州萝卜品种种性退化、混杂严重。在栽培技术上，没有一套系统的栽培技术规程，农民只能凭着自己的经验栽培，大多是以数量求产量，一块地收获的黄州萝卜大小不一，品质较差，售价较低，农民收益率低，栽培管理技术原始粗放。在黄州萝卜产品的检测上，还没有形成一套系统规范的标准，市场销售存在鱼目混珠现象，黄州萝卜的生产和加工效益没有得到有效发挥。

（五）产业化发展对策

(1) 科学规划合理布局，促进黄州萝卜产业可持续发展。

首先，按照统一规划、统一布局、规模化生产、产业化运作的方式，由农业农村部等相关部门牵头，在黄州萝卜地理标志保护范围内的乡镇建设 6 个单体面积 11 万亩的黄州萝卜生产基地的基础上，进一步扩大生产规模，争取黄州萝卜总生产面积不少于20万亩。其次，争取黄州萝卜在示范区产生聚集效应，黄州萝卜产业的聚集，可以使生产者容易得到生产资料，减少前后关联企业的运输成本和信息收集成本，从而节省费用。产业在空间的聚集还可以充分利用公共设施，便于交流科技成果和信息，有利于提高科技水平和科技质量。

（2）实行黄州萝卜生产技术规范，实现农业生产标准化。

农业生产标准化是农业和农村经济发展以及农业现代化建设必不可少的一项重要工作。只有通过标准化的生产，才能产出标准化的农业产品，才能提高蔬菜的质量和增加蔬菜的单位面积产量，从而形成规模化生产、集约化经营的蔬菜大产业。许多发达国家在20世纪50年代已制定了蔬菜的标准，20世纪70年代以后，蔬菜的标准化生产更是迅速发展，提高了蔬菜产品的质量和市场竞争力。黄州萝卜的生产要按照黄州萝卜生产技术规范来进行，才能实现生产标准化，从而壮大黄州萝卜产业。

（3）依托龙头加工企业，加大黄州萝卜的深加工。

黄冈市康尔达食品有限公司申报黄州萝卜深加工项目建成投产，年销售收入达2.2亿元，利税4898万元，加上生鲜萝卜的运销，已实现经济收入3亿元，利税5000万元。在黄冈市康尔达食品有限公司的带动下，黄州萝卜生产企业和农户要加大产品的深加工，以提高黄州萝卜的附加值，达到增加经济产出、提高经济效益的目标。

（4）建立网络化营销体系，促进黄州萝卜产业化经营。

黄州萝卜生产和加工企业应根据市场需求合理提高专业化程度。针对国内外市场的实际情况采取不同的营销策略，逐步建立内联农民，外接市场，基地、协会、企业、超市为网络分布的营销体系，不断提高生产经营的组织化程度，形成多种形式的产销衔接模式，逐步建立企业与农民之间稳定的联系，促进产业化经营的健康发展。

（5）建立质量保障体系，完善黄州萝卜的市场体系。

黄州萝卜已被原国家质量监督检验检疫总局定为地理标志保护产品，对其产品性能、检验方法、卫生指标（农药残留）、包装、标志、运输、储存、种植区域及种植技术都有了严格要求。工商、质量监督、生态环境保护和农业农村部在黄州萝卜生产、加工、销售过程中严格进行监管。坚决杜绝不合格产品流入市场,确保标志产品"永不褪色"。农业农村部应加大监管农户与公司间的商业行为,规范管理"订单农业"行为,只有市场规范了,才能谈发展。在规范过程中,政府、企业要引导成立农民自己的专业合作经济组织和行业协会,充分借鉴国外农业合作社的经验,加大各方面监管力度,以保障各方利益。

构建连接小生产与大市场之间的桥梁和中介,不仅能保护农民的利益,还可以培养农民市场意识,学习先进生产技术。鼓励商贸企业、供销合作社和社会力量发展农村现代物流业,逐步形成集农产品收购、运输、储存、加工、配送等功能于一体的农村现代流通体系。鼓励工商企业投资农业,创建新型的农村合作经济组织和中介组织。从"公司+种植户"到"公司+合作社+种植户",提高农民组织化程度,促进农民增收。

(6) 实施品牌战略,塑造黄州萝卜名牌。

黄州萝卜要成为名牌,必须使用高新技术,运用符合时代发展要求的营销理念,生产出符合消费者需求的安全食品,这必须以不断追求经济、社会和生态环境的可持续发展作为制高点。黄州萝卜品牌一旦形成以后,必然会将生产、加工、储运、销售等环节联系起来,从而形成名牌产品、名牌服务、名牌企业、名牌产业及其相互关联产业的名牌经济链条,促进农业经济产业一体化格局的形成,进一步加大黄州萝卜标准化生产推广力度,保护好"菔贝"牌黄州萝卜商标的规范使用,支持参与优质农产品即著名商标的评比,打造知名品牌。在适当时机和季节举行"黄州萝卜节"等活动,进一步提高黄州萝卜的知名度,促进黄州萝卜向更高层次发展。

三、黄州萝卜的优异种质及育种研究基础

（一）国内外研究概况

萝卜(*Raphanus sativus* L.)为十字花科萝卜属一年生或二年生雄雌同花的异花授粉作物，在我国栽培历史悠久。萝卜杂种优势十分明显，目前主要利用传统杂交育种方法开展萝卜种质改良和新品种选育。常规育种方法在生产上应用广泛，技术容易掌握，具有不可低估的潜力，但往往也具有局限性，如育种年限长。随着萝卜育种目标性状的不断变化，除了对丰产、优质、抗病的要求越来越具体以外，又提出一些新的目标，如耐热、耐抽薹、早熟、晚熟、品质优、口感佳等，现代生物技术在萝卜育种中的应用也逐渐加强。

萝卜小孢子培养始于20世纪80年代，经小孢子培养得到的双单倍体或DH系株系间的性状变异幅度大，超亲现象和出现特殊优良性状的频率显著高于常规株，株系内性状整齐，世代间稳定性强。通过小孢子培养得到的自交系具有高度的纯合性，以此获得的杂交组合往往具有更强的杂种优势。

蔬菜诱变育种始于20世纪50年代，20世纪70年代后期，随着诱变育种技术与方法日趋成熟，育成的作物品种逐渐增多。近年来，我国科技工作者通过诱变育种技术已先后育成番茄、辣椒、甜瓜和黄瓜等蔬菜新品种。萝卜诱变育种在我国起步较晚，目前只有少量资源经卫星搭载，如苏州地方萝卜良种梅李60天经神舟一号搭载，返回地面后经多代系统选育，具备了产量高、品质好、生长速度快、抗病性强的特点。利用EMS化学诱变剂处理短叶13号萝卜获取了很多萝卜突变材料，如叶、根及果的变异材料为后期萝卜育种提供了极好的材料基础和技术保障。

分子标记是以个体间遗传物质内核苷酸序列变异为基础的遗传标记，是DNA水平遗传多态性的直接反映。分子标记在萝卜种质资源遗传多样性分析以及标记辅助选择等方面得到应用。李竟才等基于SSR分子标记对耐热萝卜品种的纯度进行了分析并开发了新的可用于品种鉴定的SSR分子标记。姚金兰等开发了萝卜特异的SSR分子标记，也可用于黄州萝卜的品种鉴定和保护。

基因工程技术是将目的基因插入载体，经拼接后转入新的宿主细胞，最终实现遗传物质的重新组合的新型基因重组技术。运用基因工程技术，可以改良植物品质，进行植物抗虫、抗病、抗寒、抗旱、抗除草剂的研究。李世升等利用农杆菌介导的萝卜浸花法转基因技术体系已建立，为日后萝卜种质改良打下坚实基础。引人注目的基因编辑技术回避了基因重组过程中外源基因导入可能带来的不可预见隐患，直接对目标生物体进行基因改造以完善各项功能，但由于其技术还不够成熟仍无法满足应用推广的需求。

黄州萝卜是湖北省优良的地方蔬菜品种。它不仅具有产量高、适应性强的特点，而且具有肉质紧脆、不易糠心、耐储藏、生食甜、熟食味美等优良性状和品质，尤其是回火不烂的特点受到广大消费者的赞誉。因此，它在长江中游广大地区有着广泛的栽培面积和十分畅销的市场。随着黄州萝卜影响力和知名度的不断提高，黄州萝卜产生了巨大的社会经济效益和生态效益，但近年来由于提纯复壮工作力度不够，品种纯度下降，再加上长期自交，品种自身甚至出现退化现象。尽管广大地区仍大面积栽培黄州萝卜，但基本是有其名无其实，无论外观还是品质均无昔日之风貌。就品种原产地黄州而言，大田生产中真正具有品种典型性状的株率也很低。此外，病毒病越来越严重，在不利的环境条件下，常造成毁灭性的损失，直接影响了黄州萝卜的生产和市场供应。对此，广大菜农和消费者无不为之叹息。

黄州萝卜退化严重，品种濒临消失的突出问题引起了业务领导部门和科技管理部门的高度重视。2018年湖北省财政厅和湖北省科学技术厅联合下达了地理标志产品“黄州萝卜”研发中心的专项项目，旨在加强对黄州萝卜育种与栽培技术研究，以期挽救濒临消失的黄州萝卜。

（二）黄州萝卜的品种资源

黄州萝卜目前主要有两个类型，分别是斛斗型和斛筒型。

斛斗型黄州萝卜：肉质根上小下大，底部平，主根处稍凹，肉质根入土部分为白色，地面以上青头部分呈黄绿色，质地紧密，味稍甜。斛筒型黄州萝卜：肉质根入土部分为白色，肉质根约有 1/4 部分露出，地面的青头部分呈绿白色，质地紧密，味甜、香脆。见图 1-1。

图 1-1 黄州萝卜实物图

A. 斛筒型黄州萝卜；B. 斛斗型黄州萝卜

（三）黄州萝卜种质资源的研究和利用

黄州萝卜适宜栽培地区为黄州区。具体为黄冈市黄州区陶店乡、路口镇、堵城镇、禹王街道办事处、东湖街道办事处、南湖街道办事处等乡镇街道办事处现辖行政区域。黄州地势为东北部高，西部南部低，为江河冲积地带，以平原为主，丘陵岗地兼有，境内多湖泊。黄州地处亚热带湿润气候区，雨量充沛，四季分明，年均降水量 1233 毫米，光照充足，常年日照时数 2082 小时，年平均气温 16.8 ℃。

斛筒型黄州萝卜和斛斗型黄州萝卜的主要差异表现在肉质根直径（长度）上。经统计学分析（以生长期为 60 天的黄州萝卜为例），斛斗型黄州萝卜肉质根直径为（8.58±0.68）厘米、长度为（14.63±0.99）厘米，斛筒型黄州萝卜肉质根直径为（7.28±0.75）厘米、长度为（18.10±1.28）厘米，经统计学比较发现两者有显著性的差异，见表 1-1。

表 1-1 斛筒型和斛斗型黄州萝卜肉质根大小比较

类 型	肉质根长度/厘米	肉质根直径/厘米
斛筒型黄州萝卜	18.10±1.28	7.28±0.75
斛斗型黄州萝卜	14.63±0.99	8.58±0.68

注：肉质根长度为肉质根膨大根部长度（不考虑鼠尾根长度）；肉质根直径为肉质根膨大根部最大圆周处直径。

结果表明，斛筒型黄州萝卜肉质根直径较斛斗型黄州萝卜要小，且在纵向长度上较长，整个肉质根略显瘦长。与之相反，斛斗型黄州萝卜的肉质根则表现出宽且短的形态。虽然两类黄州萝卜在外形上差异明显，但在实际生产过程中并未将两者完全分开，因为它们除了在形态上差异突出外，在叶形、肉质根皮色及肉色，还有生长期及耐寒性和抗病性方面相差无几。从实际加工生产角度来看，斛筒型黄州萝卜更方便运输及加工。

干物质含量方面，徐跃进等人研究表明，黄州萝卜主枝种子后代干物质含量最高，三级侧枝后代干物质含量最低，其顺序为主枝＞全枝＞一级侧枝＞二级侧枝＞三级侧枝，除全株与一级侧枝种子后代干物质含量差异不显著外，其他处理间差异达到极显著水平。

还原糖含量方面，对各处理还原糖含量的新复极差测验结果表明，一级侧枝种子后代还原糖含量最高，与三级侧枝种子后代还原糖含量的差异达到极显著的水平；一级侧枝、主枝种子后代还原糖含量与三级侧枝、全株种子后代还原糖含量差异显著。维生素 C 和粗纤维含量方面，经方差分析表明，不同部位采收的种子后代在维生素 C 含量和粗纤维含量方面差异不显著。黄州萝卜不同部位的种子对其后代的维生素 C 含量和粗纤维含量的影响不大。

不同部位的种子在同样的栽培管理水平下生长发育，产量有显著的差异，主要是因为不同部位的种子发育时存在自然因素差异。主枝开花时，前期温度较低，种子不饱满，导致了千粒重较低。三级侧枝的种子遇后期高温，再加上肥力可能偏低，千粒重也很低，而一级侧枝、二级侧枝开花时，日照温度适宜，种子饱满，千粒重较高。千粒重对后代的产量及畸形根率有一定的影响。千粒重高，则畸形根率低，反之亦然。畸形根率的不同也可能是由于种子形成过程中温度等差异造成的。在采收黄州萝卜种子时，以采收一级侧枝和二级侧枝种子为好。

黄州萝卜在储藏过程中，会出现生根发芽、水分散失、糠心、腐烂等现象，严重影响着黄州萝卜的商品和食用价值。彭自挥对黄州萝卜的保鲜方法、糠心原因开展研究，发现如下。

(1) 黄州萝卜在常温下储藏40天，经青鲜素、α-萘乙酸处理后和对照组黄州萝卜的发芽率分别为23.30%、60.00%、100.00%；糠心率分别达到90.00%、63.33%、100.00%。青鲜素、α-萘乙酸处理分别起到了防止发芽和防止糠心的作用，且效果比较明显。见表1-2、表1-3。

表1-2　黄州萝卜储藏期间的发芽率

时间/天	不同处理		对照组
	青鲜素	α-萘乙酸	
0	0	0	0
10	0	0	3.30%
20	0	10.00%	26.70%
30	10.00%	40.00%	83.30%
40	23.30%	60.00%	100.00%

表1-3　黄州萝卜储藏期间的糠心率

时间/天	不同处理		对照组
	青鲜素	α-萘乙酸	
0	0	0	0
10	6.67%	3.33%	10.00%
20	16.67%	10.00%	26.67%
30	66.67%	26.67%	80.00%
40	90.00%	63.33%	100.00%

(2) 采前经青鲜素、α-萘乙酸处理，采后用不同浓度(1.0%、1.5%、2.0%)壳聚糖溶液涂膜处理黄州萝卜，常温条件下储藏30天，观察储藏期间的发芽

率。结果见表 1-4、表 1-5，除了对照组发芽率比较高外，采前经 α-萘乙酸处理的黄州萝卜的发芽率都在 10%左右，采前经青鲜素处理的黄州萝卜几乎不发芽。

表 1-4　采前经 α-萘乙酸处理的黄州萝卜储藏期间的发芽率

时间/天	不同处理			对照组
	1.0%壳聚糖溶液	1.5%壳聚糖溶液	2.0%壳聚糖溶液	
0	0	0	0	0
10	0	0	0	0
20	3.33%	0	0	6.67%
30	10.00%	10.00%	13.33%	70.00%

表 1-5　采前经青鲜素处理的黄州萝卜储藏期间的发芽率

时间/天	不同处理			对照组
	1.0%壳聚糖溶液	1.5%壳聚糖溶液	2.0%壳聚糖溶液	
0	0	0	0	0
10	0	0	0	0
20	0	3.33%	0	6.67%
30	0	6.67%	0	70.00%

壳聚糖可以阻止微生物侵染，具有防止果蔬采后腐烂的作用。对照组黄州萝卜的腐烂率达到 46.67%，说明储藏前消毒、防腐处理效果较好（见表 1-6、表 1-7）。

表 1-6　采前经 α-萘乙酸处理的黄州萝卜储藏期间的腐烂率

时间/天	不同处理			对照组
	1.0%壳聚糖溶液	1.5%壳聚糖溶液	2.0%壳聚糖溶液	
0	0	0	0	0
10	0	0	0	6.67%

续表

时间/天	不 同 处 理			对 照 组
	1.0%壳聚糖溶液	1.5%壳聚糖溶液	2.0%壳聚糖溶液	
20	6.67%	0	0	13.33%
30	6.67%	0	0	46.67%

表 1-7　采前经青鲜素处理的黄州萝卜储藏期间的腐烂率

时间/天	不 同 处 理			对 照 组
	1.0%壳聚糖溶液	1.5%壳聚糖溶液	2.0%壳聚糖溶液	
0	0	0	0	0
10	0	0	0	6.67%
20	0	0	0	13.33%
30	0	0	0	46.67%

(3) 黄州萝卜采用真空和非真空的单果包装处理，在常温下储藏 40 天，采前经 α-萘乙酸处理且单果真空包装的黄州萝卜的保鲜效果相对较好，其好果率达 90.0%，失重率、发芽率、糠心率分别为 3.4%、0、10.0%。采用 3 种不同塑料(分别为 0.08 毫米 PE、0.12 毫米 PE 和 0.03 毫米 PA)结合单果真空包装的方式观察黄州萝卜在常温下储藏的保鲜效果，结果表明，用 0.08 毫米 PE、0.12 毫米 PE、0.03 毫米 PA 塑料结合单果真空包装的方式包装黄州萝卜，储藏 40 天后，失重率依次为 5.03%、3.46%、7.59%。3 种塑料对水蒸气的阻隔性依次为 0.12 毫米 PE>0.08 毫米 PE>0.03 毫米 PA，其中用厚度为 0.12 毫米 PE 塑料对黄州萝卜进行单果真空包装处理与用厚度为 0.08 毫米 PE 塑料和 0.03 毫米 PA 塑料处理相比，保鲜效果更好，糠心率更低，仅为 16.67%，且其可溶性蛋白和可溶性糖保存率也更高。

(4) 纤维素、可溶性糖、可溶性固形物、水分、纤维素酶与糠心级数极显著相关。黄州萝卜的水分、可溶性固形物、可溶性糖的大量消耗和纤维素的不断增加，纤维素酶活性的降低是导致糠心的重要因素。

研究表明，壳聚糖是纯天然、无味无毒的新型果蔬保鲜剂，壳聚糖能够在果实表面形成半透膜，具有阻止 O_2 进入、水分蒸发、抑制病原菌入侵和生长，以及降低果实呼吸强度的作用，从而能达到保鲜的目的。

（四）其他类型萝卜品种

1. 武青 1 号　见图 1-2。

图 1-2　武青 1 号

【品种来源】武汉市蔬菜科学研究所选育。

【特征特性】花叶，叶片绿色，主脉淡绿色，株高 40～50 厘米，肉质根长圆柱形，长约 28 厘米，直径为 8～9 厘米，出土部分 4 厘米，呈翠绿色，入土部分白色，品质好，抗逆性强，耐病毒病，产量高，亩产 4000 千克。

2. 791 萝卜　见图 1-3。

【品种来源】郑州市蔬菜研究所育成。

【特征特性】叶簇半直立，株高 50～55 厘米，展开度 60 厘米，花叶裂刻深，叶色深绿，叶长 4 厘米、宽 21 厘米，叶柄浅绿色。肉质根短圆筒形，纵径 18 厘米、横径 12 厘米，约 4/5 露出地面，地上部分绿色，入土部分白色，肉色浅绿白，单根重 1.5 千克。中熟，播种到收获 90 天，抗病性强，肉质根水分含量高，味甜，品质佳，适宜生食、熟食。

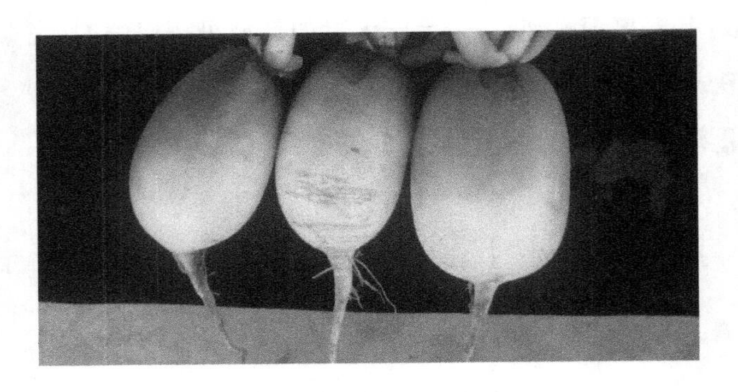

图 1-3 791 萝卜

3. 潍县青萝卜 见图 1-4。

图 1-4 潍县青萝卜

【品种来源】山东省潍坊市特产，国家地理标志产品。

【特征特性】潍县青萝卜，又称"高脚青萝卜"，生于原潍县境内。肉质根呈筒形，地上部分 20 厘米，皮深绿色；入土部分皮白色，单根重 500～600 克；肉绿色、浅绿色，肉质致密脆嫩，微甜微辣，生食最佳，也可熟食、腌渍、干制加工等。潍县青萝卜营养丰富，含有钙、铁、芥辣油等。另外，潍县青萝卜味辛，能行气、化痰、消食，因含有淀粉酶，所以对食积腹胀、咳嗽多痰具有很好的辅助疗效。

4. 心里美萝卜 见图 1-5。

【品种来源】20 世纪 50 年代从北京引进。

图 1-5　心里美萝卜

【特征特性】叶簇平展，11～15 片叶，长倒卵形，羽状深裂或板叶。肉质根短圆柱形，约 1/2 露出地面，呈淡绿色或紫红色，入土部分黄白色，肉白色，有紫红色放射状条纹，一般纵径 12 厘米、横径 10 厘米，单根重 500 克左右；肉质致密，多汁，味甜，宜生食；抗寒，耐储藏，不抗病毒，生长期 90 多天；亩产 2500 千克左右。栽培要点：夏至至大暑播种，株行距 30 厘米×21 厘米；2～5 片真叶时分次间苗、定苗；注意防治根蛆；霜降后采收。

5. 春红萝卜　见图 1-6。

图 1-6　春红萝卜

【品种来源】南京绿领种业有限公司选育。

【特征特性】早中熟，叶色浓绿，板叶，皮色光亮鲜红，肉白色，肉质根短、圆筒形，亩产 1500～2000 千克，春红萝卜在北方适宜春夏保护地栽培，5—6 月播种，50～60 天可以收获；长江流域 2—3 月保护地或 4—5 月露地播种，45～50 天可以收获。

6. 红冠萝卜　见图 1-7。

图 1-7　红冠萝卜

【品种来源】重庆市农业科学院蔬菜花卉研究所选育。

【特征特性】早熟，生育期 40～50 天，特耐热、耐寒、适应性广，抗病，丰产。叶簇较直立，长卵形。肉质根长圆形，红皮白肉，外观鲜艳，光滑，品质好。单根重 250 克，一般亩产 1500 千克左右，宜全国各地种植。红冠萝卜是解决秋淡季蔬菜问题的优良品种。

7. 七叶红萝卜　见图 1-8。

【品种来源】七叶红萝卜是江浣村名特常规品种。

【特征特性】株高 35 厘米，展开度 24 厘米，叶簇半直立，叶色深绿，叶柄红色，叶片长倒卵形，板叶、有毛刺，功能叶 7～8 片。肉质根大红色、圆形，平均单根重 200 克，最大重 400 克，1/3 入土生长，皮薄，光滑，肉色白；肉质鲜嫩，辣味适中；整齐一致，丰产性好，晚播生食无辣味；适宜熟食、加工、盐制、干制等，市场适销。

图 1-8　七叶红萝卜

8. 南乡萝卜　见图 1-9。

图 1-9　南乡萝卜

【品种来源】湖北省安陆市特产，国家地理标志产品。

【特征特性】外形扁圆状，光滑。上部为绿色，下部为奶黄色，去皮后为纯乳白色；口感质脆，味甜汁多，辣味较轻。理化指标：水分含量≥85%、脂肪含量≤0.2%、蛋白质含量≥0.8%、可溶性糖（以蔗糖和还原糖总计）含量≥2.1%、碳水化合物含量≥3%。

9. 黄陂脉地湾萝卜　见图 1-10。

【品种来源】武汉市黄陂区长轩岭街道所辖的七房湾村、绿林村、塘上村及虎桥村种植区。

图 1-10　黄陂脉地湾萝卜

【特征特性】叶色淡绿，板叶，叶丛半直立。肉质根 1/5 左右露出地面，肉质根白色、略带青头，表皮光洁，须根少，颈部细，下部粗，底平，主根细长，纵剖面似芭蕉扇形。

10. 南畔洲萝卜　见图 1-11。

图 1-11　南畔洲萝卜

【品种来源】汕头市农家选育。

【特征特性】株高40～50厘米，展开度70厘米，叶绿色，叶脉淡绿色，叶缘深裂，叶柄密生刺毛。肉质根长圆柱形，长45～50厘米，横径9～12厘米（根底横径最大），表皮光滑，侧芽少，皮肉皆白色，成熟早，无纤维，抽薹晚，耐寒，耐热，抗黄萎病，生长势强。单根重1～2千克。播种后55天始收。耐老化，留至120天收时单根重可达5千克且不糠心。亩产达5000千克以上。

11. 短叶13号萝卜　见图1-12。

图1-12　短叶13号萝卜

【品种来源】汕头市白沙蔬菜原种研究所选育。

【特征特性】株高30厘米，叶片长17厘米，深绿色。肉质根长圆柱形，长23厘米、横径3.5厘米，1/2露出地面，皮肉皆白色，单根重170克。品质好，味甜带微辣。耐热，早熟，播种至采收48天。适播期4月中旬至9月中旬，收获期6月上旬至11月上旬。穴播，株行距18厘米×23厘米，亩产2500千克。

12. 白玉春 见图 1-13。

图 1-13 白玉春

【品种来源】韩国引进品种。

【特征特性】叶苗期伏地生长，中后期半直立。根皮纯白光滑，裂根少，根长 40 厘米，根径 6～7 厘米，单根重 1.0～1.2 千克。口感好，品质优良。适宜春季保护地、秋季露地栽培，播种后 60 天左右收获，耐低温，不易抽薹，不宜高温时期栽培。

第二章

黄州萝卜生物学基础

一、黄州萝卜的独特植物学特征

黄州萝卜实物图见图 2-1。

图 2-1 黄州萝卜实物图

（一）黄州萝卜的肉质根

黄州萝卜的食用器官称为肉质根。蔬菜栽培学上，萝卜的肉质根分为头部、根颈部和真根三个部分。根头即短缩茎，其上着生芽和叶，当子叶下胚轴和主根上部膨大时也随着增大，并保留叶片脱落的痕迹。根颈部即子叶下胚轴发育的部分，表面光滑，没有侧根。黄州萝卜的根系属直根系，主要根群分布在20～45厘米的耕层中，有较强的吸收能力。当前主栽类型为斛斗型黄州萝卜，其肉质根上端稍小，下部逐渐膨大，底部平，中央微凹，单个肉质根重0.6～1.0千克，大者可达1.0～1.5千克。

（二）黄州萝卜的茎、叶

黄州萝卜的茎在营养生长期内短缩，节间密集，叶片簇生其上。植株通过阶段发育后，在适宜的温度、光照等条件下由顶芽抽生伸长成为花茎，主枝叶腋间发生侧枝，主、侧枝上着生花。

黄州萝卜的叶在营养生长期丛生于短缩茎上。黄州萝卜有子叶2片，肾形，第一对真叶为匙形，称"初生叶"，以后在营养生长期内长出的叶子统称"莲座叶"。黄州萝卜叶全长47～55厘米、宽13～19厘米，侧裂叶8～9对，叶簇半开张，叶片绿黄色，上着细小茸毛，长倒卵形，羽状分裂，叶缘缺刻；种株高130～150厘米，分枝较强，主茎各叶腋均可发生侧枝，一般每一种株有侧枝15～20个。

（三）黄州萝卜的花、果实、种子

黄州萝卜为完全花，花为复总状花序，无限生长，花白色。花有萼片4枚，绿色；花瓣4枚，排列呈"十"字形；雄蕊6枚，4长2短，基部有蜜腺，雌蕊位于花的中央。花色白色，主枝上花先开，由下而上逐渐开放，随后上部的侧枝先开花，渐及下部的侧枝。异花授粉。短角果，种子着生在果荚内，果实成熟后不开裂，每果含种子3～6粒，主枝上的花一般结荚率较高，分枝的结荚率依次降低。种子为扁圆形，黄褐色，千粒重8～10克，种子发芽率达98%。种子发芽力可保持3～5年，但生产上宜用1～2年的种子。

二、黄州萝卜的稳定生长发育期

（一）生育周期

黄州萝卜的生育周期分为营养生长和生殖生长两大阶段。在这两个阶段中，又各划分出几个分期。生育周期的客观划分，为制订科学的分期管理计划提供了依据。

1. 营养生长期 该期是指从播种后种子萌动、发芽、出苗到形成肥大的肉质根的整个过程。根据黄州萝卜生长特点的变化，这个过程又细分为发芽期、幼苗期、肉质根生长前期和肉质根生长盛期。

(1) 发芽期：由种子萌动到第一片真叶显露为发芽期。种子萌发和子叶出土主要靠种子内储藏的养分和外界适宜的温度、湿度、水分、空气等环境条件。种子的质量、种子的储藏条件和储藏年限等，都会影响种子发芽率及幼苗生长。发芽期需要较高的土壤湿度和 25 ℃左右的温度，在这样的条件下种子播下 3 天左右即可出苗。此期对肥料的吸收量很小，应着重抓好精细整地、播种、浇水等工作；适时间苗；预防低温冷害或高温干旱引起的病害；雨后要及时排水，防止涝害等。

(2) 幼苗期：第一片真叶显露到“大破肚”的这段时期为幼苗期。先由下胚轴的皮层在近地面处开裂，这时称“小破肚”，此后皮层继续向上开裂，数日后皮层完全裂开，这时称为“大破肚”。“破肚”为肉质根开始膨大的标志。这个时期有 7～9 片真叶展开，需 15～20 天。

幼苗期的幼苗叶不断展开和生长，苗端分化莲座叶，根系加快纵向和横向的生长，但以纵向生长为主。此期是幼苗迅速生长的时期，要求充足的营养、良好的光照和土壤条件，植株对氮、磷、钾的吸收量增加，以氮最多，钾次之，磷最少。为促进叶器官的分化和生长，要及时间苗，中耕，在 5～6 片真叶期定苗，追施速效肥并配合浇水，以促进苗齐、苗壮。

（3）肉质根生长前期：由“大破肚”到“露肩”的时期。黄州萝卜在“大破肚”之后，随着叶的增长，肉质根不断膨大，根肩渐粗于顶部，称为“露肩”，此期一般需20～30天。在这个生长阶段，叶丛生长旺盛，莲座叶的第一个叶环完全展开，并陆续分化出第二个、第三个叶环的幼叶，叶面积迅速扩大，同化产物增加，根系吸收水、肥能力增强，植株的生长量比幼苗期大大增加，肉质根迅速伸长和膨大。黄州萝卜地上部分生长量超过地下部分。

此期根系对氮、磷的吸收量相比幼苗期增加了3倍，钾增加了6倍，在管理上，要注意肥水适当，以促进叶片生长。第二个叶环的叶片全部展开后，要适当控制浇水，以避免叶片生长过旺，而使肉质根生长盛期过早到来。

（4）肉质根生长盛期：由“露肩”到采收，这个阶段为肉质根迅速生长的时期。肉质根迅速膨大，叶丛继续生长，但生长速度逐渐减慢至稳定状态。大量的同化产物运输到肉质根内储藏，因而肉质根迅速生长，地上叶部和地下肉质根部逐渐达到平衡，此后肉质根生长迅速超过地上叶部。

此期是肉质根形成的重要时期，应加强田间管理。土壤中要有大量的肥水供应，在肉质根充分生长的后期，仍应适当浇水，保持土壤湿润，以免干燥引起黄州萝卜空心；同时，要注意喷药防治蚜虫及霜霉病、黑腐病等病虫害。

从黄州萝卜的营养生长过程可以看出，茎叶的生长和肉质根的膨大具有一定的顺序性和相关性，即最初是吸收根的生长比叶的生长快，而后转变为同化器官和肉质根同时生长，最后则主要为储藏器官——肉质根的生长。这一变化规律为制订栽培技术措施提供了依据。生长前期要促进叶片和吸收根的迅速生长，当生长到一定程度的时候，就要控制它的生长，使养分往储藏器官转移，这样肉质根才能充分膨大。在肉质根迅速膨大时期，既要叶片缓慢生长，又要延长叶片的寿命和生活力，使其保持比较高的光合能力，把养分往肉质根中运输储藏，以达到丰产的目的。

2. 生殖生长期 从营养生长过渡到生殖生长，在冬初收获黄州萝卜后即可将种株栽于田间越冬，春暖后即可抽薹开花结实，完成其生命周期。通过对成株种株各器官生育动态的研究，可将生殖生长期划分为以下4个分期。

(1) 孕蕾期:从种株定植到花薹(即主茎)开始伸长的这段时间为孕蕾期,也可称为返青期。在适宜的条件下,该期需 20 天左右。此期种株主要是发根,在冬季到来前分化 7～8 片莲座叶,花茎生长缓慢,花蕾分化迅速。

(2) 抽薹期:从种株花茎开始伸长到开花前的这段时间为抽薹期,一般需 10 天左右。这个时期花薹生长迅速,莲座叶和茎生叶生长速度也快;在主茎生长的同时,分枝也开始伸长。

(3) 开花期:从种株开始开花到中上部的花凋谢的这段时间为开花期,一般需 20 天左右。该期种株的生育中心是花,花薹和茎生叶也生长迅速。种株生殖生长期内的叶面积在此期结束时达最大值。

(4) 结荚期:从种株中上部的花凋谢到大部分果荚变黄、种子成熟的这段时间为结荚期,一般需 30～40 天。此期生育中心是果荚,种株的主茎和侧枝的增长速度减缓并渐趋停止,叶片衰败并开始脱落。

黄州萝卜在整个生长发育过程中,其形态、结构及生理功能的表现存在着阶段性差异和一定的连续性,根据其生长规律,在各个时期采用相应的栽培管理措施,将会更有效地达到优质生产的目的。

(二) 各阶段发育特性

萝卜原产于温带,为半耐寒性二年生植物。在阶段发育过程中,需接受低温处理完成春化,苗端由营养苗端转为生殖顶端,然后在长日照和较高的温度条件下,抽薹、开花、结荚,完成一个生育周期。

1. 春化阶段 萝卜是低温感应型蔬菜,属种子春化型植物,其萌动的种子在发芽期或幼苗期、肉质根生长期、储藏期都可以经受低温影响而完成春化。不同类型的品种,低温感应的温度范围有显著差异。李鸿渐、李盛萱分别于 1956—1957 年及 1964 年的研究证明,中国栽培的萝卜品种(包括肉质根大、中、小各种类型),完成春化所需的温度范围为 1～24.6 ℃;在 1～5 ℃较低温度下,其春化完成得快,而在温度较高的条件下,则所需时间较长。

根据李鸿渐、汪隆植在 1980—1981 年对不同品种萝卜的春化处理、春播试验的结果可知，不同品种完成春化所需要的温度范围和时间有较大差异，以此为依据，可将萝卜品种划分为春性系统、弱冬性系统、冬性系统和强冬性系统4种类型。通过对试验材料的分析证明可知，不同品种萝卜通过春化阶段所需低温处理的温度范围和处理时间的长短，即品种冬性的强弱，与该品种长期栽培地的环境条件有关。例如，广东的火车头萝卜、南京的穿心红萝卜及天津的早红萝卜，随所在地纬度的升高，春播后到现蕾所需要的日数也会增多，即冬性增强。另外，萝卜品种的冬性还随栽培地海拔的升高和栽培气候转凉而有增强的趋势。

2. 日照阶段　萝卜具有光周期效应，属长日照植物。完成春化的萝卜种株，在长日照(12小时以上)及较高的温度条件下，花芽分化和花薹抽生较快。据观察，黄州萝卜在其苗端由营养苗端转为生殖顶端，停止了叶的分化而转为花芽分化；之后随日照时间的缩短和温度的日趋降低，生殖顶端处于半休眠状态。此时，黄州萝卜叶片制造的大量同化产物向肉质根运输，促成了肉质根的迅速膨大。

三、黄州萝卜对环境条件的要求

（一）对产地的要求

黄州萝卜的优质生产应对有毒、有害物质的监控从土地贯穿到餐桌，这个过程包括黄州萝卜栽培环境有害物质控制，黄州萝卜生产技术控制，土壤微环境无害化控制和白色污染控制，以及采收、包装、运输中有害物质控制。优质生产可使黄州萝卜产品在商品品质、自身品质、风味品质等方面获得正常甚至超常的表现，保障黄州萝卜商品性的优良，提升黄州萝卜的市场核心竞争力。黄州萝卜的优质生产对产地环境的要求体现在以下几个方面。

1. 产地选择　黄州萝卜生产基地应远离工矿区、废水排放区、医院和生活污染源、交通要道等。同时，要选择地势平坦、灌溉方便、水清洁无污染、土壤肥沃疏松、透气性好、土壤中有害物质不超标的砂壤土。前茬以瓜类为好，其次是葱蒜类、豆类等蔬菜作物。不宜与小白菜、油菜、甘蓝等十字花科作物连作，最好间隔2～3年轮作1次。

2. 土壤环境质量标准　土壤是黄州萝卜生长发育的基础。黄州萝卜生长发育所需的水分、养分等生长因子都要通过土壤提供；而根际温度、湿度等条件又受到土壤的制约。黄州萝卜对土壤的总的要求包括土壤肥沃、保肥保水、土层深厚、疏松透气、砂壤土为宜。因此，黄州萝卜的优质生产要求栽培地土壤富含有机质、土层深厚、疏松、以砂壤土为佳，无工业废渣、废水和城市生活垃圾污染，无明显缺素症状、前茬作物病虫害残留等。土壤环境质量应符合《土壤环境质量农用地土壤污染风险管控标准（试行）》（GB 15618—2018）中的相关标准，土壤环境质量标准见表2-1。

表 2-1　土壤环境质量标准　单位:毫克/千克

污染物项目	风险筛选值			
	pH≤5.5	5.5<pH≤6.5	6.5<pH≤7.5	pH>7.5
镉	0.3	0.3	0.3	0.6
汞	1.3	1.8	2.4	3.4
砷	40	40	30	25
铅	70	90	120	170
铬	150	150	200	250
铜	50	50	100	100
镍	60	70	100	190
锌	200	200	250	300

3. 灌溉水质量标准　灌溉水要求不含各种有毒物质,能达到人、畜饮用水标准。因此,黄州萝卜灌溉水优先选择未污染的地下水或地表水,水质应符合《农田灌溉水质标准》(GB 5084—2021)中的相关标准。

4. 空气环境质量标准　空气污染也会对黄州萝卜生产造成很大危害。危害较大的污染物有二氧化硫、氟化氢、氯气、光化学烟雾和无烟粉尘等。这些污染物有时表现为急性危害,在叶片上产生大量斑点,严重时导致叶片枯死,甚至坏死脱落,造成严重减产;有时表现为慢性危害,即在污染物浓度较低时,表现出轻微伤害;有时伤害是隐性的,从植株外部和生长发育上看不出明显的危害症状,但植株的生理代谢受到影响,且有害物质在植株体内逐渐积累,影响产量及品质。黄州萝卜生产对空气环境的要求是基地周围不得有大气污染源,不得有有害气体的排放。

(二)对生态环境的要求

1. 温度　黄州萝卜为半耐寒性植物,种子在 2~3 ℃就可以发芽,适温为 20~25 ℃。幼苗期既能耐 25 ℃左右的较高温,也能耐-3~-2 ℃的低温。黄州萝卜叶丛生长的温度范围比肉质根生长的温度范围广,为 5~25

℃，生长适温为 15～20 ℃；而肉质根生长的温度范围为 6～20 ℃，适宜温度（适温）为 13～18 ℃。所以，黄州萝卜营养生长的温度以由高到低为好，前期温度高，出苗快，可形成繁茂的叶丛，为肉质根的生长奠定基础。之后温度逐渐降低，有利于光合产物的积累，当温度降低到 6 ℃以下时，生长变慢，肉质根膨大逐渐停止，即至采收期。当温度低于－3 ℃时，肉质根就会受冻。

黄州萝卜是低温感应型蔬菜，在种子萌动、幼苗生长、肉质根生长及储藏期等阶段都可完成春化，其温度范围因品种而异。李鸿渐、李盛萱分别于 1956—1957 年及 1964 年的研究证明，中国栽培的萝卜品种完成春化所需的温度范围为 1～24.6 ℃；在 1～5 ℃较低温度下，春化完成得快，而在较高温度下则慢。随栽培地海拔的升高或栽培气候转凉等，萝卜的冬性都有增强的趋势。

2. 光照 黄州萝卜同其他根菜作物一样，需要充足的光照。光照充足，植株健壮，光合作用强，物质积累多，肉质根膨大快，产量高。如果在光照不足的地方栽培萝卜，株行距过小，杂草过多，植株得不到充足的阳光，那么碳水化合物的生成和积累变少，肉质根膨大变慢，产量就会降低，品质也变差。

黄州萝卜属长日照植物。完成春化的植株，在长日照（12 小时以上）及较高的温度条件下，花芽分化、现蕾、抽薹都较快。因此，黄州萝卜春播时容易发生“先期抽薹”现象，而在秋季栽培时，此现象则有利于肉质根的形成。

3. 水分 适于黄州萝卜肉质根生长的土壤相对含水量为 65%～80%，空气相对湿度为 80%～90%。但是土壤水分也不能过多，否则土壤中空气稀少，不利于根的生长和其对肥水的吸收，而且易造成肉质根表皮粗糙，根处生出不规则突起，影响品质。土壤过于干燥，气候炎热，会使肉质根的辣味增强，品质不良。在肉质根膨大时期，如果水分供应不均，则会发生裂根的现象。

4. 土壤 黄州萝卜适宜在富含腐殖质、土层深厚、排水良好的砂壤土中栽培，轻黏质壤土不适合肉质根生长，耕层过浅也会影响肉质根正常生长，易产生畸形根。对缺乏腐殖质的土壤，应施用有机肥进行土壤改良。土壤的适宜 pH 为 6～7。另外，黄州萝卜对营养元素的吸收量，以钾最多，氮、磷次之。黄州萝卜在各个生长发育期对元素的吸收量，以肉质根生长盛期最大，尤其对磷、钾的吸收量较大。因此，对黄州萝卜的施肥，不宜偏施氮肥，应该注重磷、钾肥的施用，以保证黄州萝卜的正常生长发育。

第三章

黄州萝卜高效栽培技术

为使具有显著地方特色的优良萝卜品种中的黄州萝卜充分发挥作用，服务于当地社会经济与民生，特殊的配套栽培技术必不可少。正所谓“良种＋良法”方能充分利用好农产品的实用价值，因此优良的黄州萝卜必须要匹配“良种＋良法”高效的栽培方法。黄州萝卜栽培方法主要包括地块选择、整地施肥、播种、田间管理和适时采收几个技术环节。

（一）地块选择

土壤是黄州萝卜生长发育的基础。黄州萝卜生长发育所需的水分、养分、空气等要通过土壤提供；根际温度、湿度、微生物等条件也受到土壤的制约。黄州萝卜对土壤总的要求包括：土层深厚肥沃，耕作层在30厘米以上，有机质含量在1.5％以上，疏松透气的壤土或砂壤土。这类土壤富有团粒结构，其保水、保肥能力及通气条件比较好，耕层温度稳定，有益于微生物的活动，利于黄州萝卜的生长发育，产品肉质根表皮光洁、色泽好、品质优良。若将黄州萝卜种在易积水的洼地、黏土地，则肉质根生长不良，皮粗糙；种在沙砾和白色污染比较多的地块，则肉质根发育不良，易形成畸形根或杈根，商品性差。

（二）整地施肥

土壤耕作包括耕、翻、耙、松、镇压、整地、做畦等几个方面。耕作对黄州萝卜的产量和品质有明显的调控作用，这主要是因为耕作使土壤耕作层加深，土壤疏松透气、肥力增加，从而有利于黄州萝卜肉质根的膨大生长。一般采用高畦栽培。在平畦基础上挖排水沟，使畦面凸起的栽培畦形式被称为高畦栽培。土壤孔隙度达20％～30％时，产品的商品性状好，外观光滑圆整，色泽美观，商品率高。在我国传统的菜田耕作体系中，深耕是非常重要的作业。深耕不仅可以加厚活土层，促进有益微生物活动，使土壤保水、保肥，增强抗旱、抗涝能力，而且有利于消灭病虫害。只有深耕细耙，保持土壤疏松，才能充分发挥肥水作用，为黄州萝卜创造良好的根际环境，从而实现增产增收。

同时结合施用大量的有机肥，才能满足肉质根膨大的要求。土壤耕作层太浅、底层坚硬，会阻碍肉质根的生长而使其发生根畸形，同时引起表皮粗糙，严重影响商品性状。因此，种植黄州萝卜的地块必须进行深耕。

（三）播种

根据当地的气候条件，结合黄州萝卜品种的生物学特性，应把黄州萝卜肉质根膨大期安排在最适宜的生长季节，以此为依据来确定适宜的播种期。若播种过早，天气炎热，则病虫害严重；若播种过晚，则病虫害减轻，但生长期不足，肉质根尚未长成天气就会转凉，不能获得丰收。如果天气高温、少雨，则播种期应适当推迟。土壤肥力差，可适当早播，以延长生长期，增加产量。地力肥沃、病虫害严重的老菜区，可适当晚播种，一是躲避病虫害，二是因地力肥沃的黄州萝卜生长速度快，生长期短些也不会减产。黄州萝卜生食用应比熟食和加工用播种晚些，因播种期适当偏晚，肉质根生长期间经历的高温日数较少，所以肉质根中芥辣油含量较低，糖的含量较高，品种风味好。目前，广大菜农在确定播种期时，主要以控制和减轻病毒病的发生，实现丰产和稳产为先决条件。

依据品种特性及播种地块的土质、土层深浅等确定种植方式。种植黄州萝卜时，宜选用高畦栽培。高畦栽培可使土层深厚疏松，地温昼夜变化较大，有利于肉质根膨大生长，通风透光，减少病虫害。若种植地块地势平坦，土质疏松、深厚，则可采取平畦、低畦栽培，可以省时省力，便于操作。如果土质黏重，土层较浅，那么应选用垄作栽培，利用高垄增加疏松的耕作层，有利于根系的发育和肉质根的生长。

（四）田间管理

1. 生长前期管理　生长前期的管理以间苗、中耕除草工作为主。及时间苗，能保证幼苗有一定的营养面积，获得壮苗。若不及时间苗，幼苗就会徒长，并因胚轴部分延长而倒伏，或者幼苗生长孱弱。病虫害严重、天气干旱或者暴风雨较多时，定苗不宜太早，以免造成缺苗现象。间苗和定苗应掌握“早间苗，分次间苗，适时定苗”的原则。从有利于黄州萝卜生长发育的需要考虑，以两次间苗之后再定苗为好，第一次间苗在出现2片基生叶（一般称为“拉十字”）的时候进行，只需将幼苗间开即可；当出现3～4片真叶时进行第二次间苗，点播的每穴留2～3株苗，间苗时要去杂、去劣和拔除病苗，选留符合种植品种特征、叶形整齐、叶片舒展、叶色鲜绿、根颈长短适中、比较粗壮的幼苗；当幼苗长出5～6片真叶时及时定苗，黄州萝卜株距25～30厘米。

2. 中耕除草 黄州萝卜幼苗期正处于高温雨季，杂草生长旺盛。杂草是病原菌、害虫繁殖寄生的地方，如不及时清除杂草，肯定会影响幼苗生长。所以，在生长前期要勤中耕、勤除草，使地面保持干净，土壤保持疏松和良好的通气，这样也有利于保墒。栽培管理中要求做到有草必锄、浇水必锄，以防止土壤板结。中耕应在间苗和定苗以后进行，中耕的深度根据植株的生长发育情况而定。第一次中耕的时候，幼苗的根入土比较浅，要浅中耕，锄破地皮就行；随着植株的生长，第二次中耕要加深，垄背上锄深3厘米左右，切勿碰伤苗根，以免引起黄州萝卜分杈、裂口或腐烂。在中耕时，根据幼苗的不同生长情况分别采取不同的中耕方法。对于因播种太浅受雨水冲刷而使幼苗根部外露的植株、偏高的植株，应该自沟底向垄背上锄，把沟底的土带上垄背，为幼苗根部培土。采用这样的中耕方法，能够避免露根的植株受到风吹雨打而东倒西歪，不能正常生长。对于因播种太深而使幼苗被土覆盖和子叶贴在垄面的植株，应该由垄背向下锄，把垄背上的土带往垄沟，使幼苗颈部不至于被土掩埋太厚。定苗后的中耕，要进行培土扶垄，防止肉质根外露、植株倒斜而影响正常生长。

黄州萝卜的主根如果受到损伤，很容易出现畸形根，所以大多采用直播法。播种方式主要有条播、穴播（点播）。根据品种要求的行距开沟播种，然后覆土，再轻轻镇压一遍，以利于种子吸水。垄作栽培多以穴播为主，依据品种要求的株距在垄背上按穴点播并压实，每穴用种2～3粒；亩用种量为500克左右。播种后覆土的厚度约2厘米，播种过浅，土壤易干，且出苗后易倒伏，胚轴弯曲；播种过深，影响出苗的速度与幼苗的健壮度。

3. 肥水管理　黄州萝卜是需水量多的作物，肉质根含水量为90%左右，适合肉质根生长的土壤相对含水量为65%～80%。水分不足时，会影响肉质根中干物质的形成，造成减产。黄州萝卜在不同生长阶段的需水量有较大的差异。播种时土壤相对含水量以80%为宜。为使苗齐、苗全、苗壮，应足墒精细播种。若墒情较差，最好提前5天浇水造墒，当墒情适宜时浅锄一遍，耙平畦（垄）面后，再行播种。若来不及浇水，可在开沟、播种、覆土镇压后，随即浇水，但浇水要均匀，以防大水冲出种子。底墒足，土壤疏松，幼苗出苗容易；若土壤板结，必须在出苗前经常浇水，保持土壤湿润，才容易出苗。在具体实践中，应因地制宜，灵活选择播种方式。

在发芽期，为了促进种子萌发和幼苗出土，防止苗期干旱造成死苗和诱发病毒病，应保持土壤湿润，土壤相对含水量以80%为宜；在幼苗期，叶片生长占优势，为防止幼苗徒长，促进根系向土壤深层发展，要求土壤湿度较低，土壤相对含水量以60%为好；在叶片生长盛期，叶片生长旺盛，此时也是肉质根膨大前期，要适当控制灌水，进行蹲苗；“露肩”标志着叶片生长盛期结束，肉质根进入迅速膨大期，需水量增多，只有保持土壤湿润，才能提高黄州萝卜的品质。在肉质根膨大期水分不足，会形成细瘦的肉质根而降低产量。同时，水分不足还会造成侧根增多、表面粗糙、纤维硬化、味辣、糠心，使品质变劣。但是，水分过多也不利于肉质根的代谢与生长，同样会造成减产。浇水原则是“地不干不浇，地发白才浇”，在收获前5～7天停止浇水，以提高肉质根的品质和耐储运性能。

黄州萝卜对土壤肥力的要求很高，在整个生长期都需要充足的养分供应。在生长初期，对氮、磷、钾三要素的吸收较慢；随着黄州萝卜的生长，其对三要素的吸收会加快，到肉质根生长盛期，吸收量最多。在不同时期，黄州萝卜对三要素的吸收情况是有差别的。幼苗期和莲座期是细胞分裂时期，也是根生长和叶片面积扩大时期，需氮肥较多。进入肉质根生长盛期，磷、钾肥需求量增加，特别是钾肥的需求量更多。黄州萝卜在整个生长期对钾的吸收量最多，氮次之，磷最少。所以，种植黄州萝卜不宜偏施氮肥，而应该重视磷、钾肥的施用。有机肥与无机肥合理施用，以基肥为主并进行有效追肥，根据土壤中养分含量及其形态，结合植株生长发育期对各种元素的需求量，实行测土配方施肥，才能达到良好的应用效果。

施肥总的要求是以基肥为主、追肥为辅。施肥量视土壤肥力而定，一般每亩施腐熟的优质农家肥 2500～3000 千克、过磷酸钙 40～50 千克、硫酸钾 20～30 千克、硼砂 0.5～1 千克作基肥。施基肥后，要进行旋耕、耙平，其目的是耙碎土块，使土壤细碎。然后整地做畦，将高低不平的土壤表层整平，以便提高播种效率。整地原则是精细，做到耕透、耙细，使土壤上虚下实。根据当地的气候、栽培季节、地势、土质、土层深浅及品种特性等采用适宜的做畦方式。

黄州萝卜整个生长发育期主要进行两次追肥。第一次追肥在定苗后，以氮肥为主，每亩施尿素 20 千克；第二次在肉质根膨大期，以钾肥和磷肥为主，每亩施硫酸钾 10～15 千克、过磷酸钙 20 千克，氮肥可视长势适当追施。一般情况下，肥料的追施都是和浇灌结合进行的，如平畦栽培，在生长前期，植株小，行间距大，可将肥料撒在行间，随即浇水，使肥料溶解于水；高畦栽培的追肥是在垄间条施或沟施，然后浇水。在肉质根生长盛期追肥多采用随水冲施的方法，按照水流速度，将一定量的肥料加入灌溉水中；如采用喷灌或微灌方式，可以事先在离植株根部 15～20 厘米处将适量肥料开穴施入。

4. 肉质根生长期管理 肉质根生长期分为肉质根生长前期和肉质根生长盛期。由肉质根“大破肚”到“露肩”的这段时期称为肉质根生长前期，此期在管理上既要促进叶片的旺盛生长，形成强大的光合叶面积，保持旺盛的同化能力，又要防止叶片徒长，影响肉质根的膨大。在定苗追肥后浇水 2～3 次，以充分发挥基肥和追肥的肥效，促进叶片生长，并结合中耕为根部培土扶正。如果此期发生蚜虫和霜霉病危害，应及时喷洒药剂防治。当多数叶片展开时，要控水蹲苗，防止叶片徒长，促进肉质根生长。在“露肩”后，肉质根生长前期转入肉质根生长盛期，直到肉质根充分膨大，此期是肉质根生长的主要时期。在此期间叶片生长减缓并渐趋停止，肉质根内部主要是薄壁细胞的膨大和细胞间隙的增大，植株的同化产物大部分会输入肉质根储藏起来，使肉质根迅速膨大。这一时期肉质根的生长量约占最终产量的 80%，根系吸收的矿质营养有75%会用于肉质根的生长。在管理上要注意浇水均匀，避免忽干忽湿，以免裂根。在无雨的情况下，一般每5～6天浇1次水，保持土壤湿润。10月上中旬还有1次蚜虫和霜霉病发生高峰期，应注意防治。在喷药防治时可加入0.2%磷酸二氢钾进行叶面追肥，并注意保护叶片，防止叶片受害和早衰，确保黄州萝卜的优质和丰产。

5. 病虫害防治　一定的病(虫)源基数、适宜的温湿度、易感病品种、适宜的传播途径是病虫害发生的必备条件，缺一不可。因此，我们可以从这四个环节来阻止或减轻病虫害的发生。黄州萝卜的苗期季节易发生虫害，虫害防治是黄州萝卜生长前期管理的主要工作之一。此期主要害虫有蚜虫、菜青虫、小菜蛾、黄条跳甲等。主要从以下几个方面防治：一是加强田间管理，清除杂草，及时集中沤肥，以减少虫源；二是利用黑光灯诱杀棉铃虫、地老虎、斜纹夜蛾等成虫，效果很好；三是药剂杀虫，可采用吡虫啉、阿维菌素、溴氰菊酯等。

黄州萝卜的主要病害有病毒病、霜霉病、黑腐病、软腐病等。防治病毒病应采取改进栽培管理和灭蚜防病相结合的措施；霜霉病的预防应在播种前用65%代森锰锌可湿性粉剂或75%百菌清可湿性粉剂拌种，用药量为种子重量的0.3%～0.4%。合理轮作，不和十字花科作物连作或邻作。黑腐病、软腐病属于细菌性病害，可用0.2%硫酸链霉素防治，也可用50%敌磺钠可溶性粉剂500～1000倍液灌根。目前，对黄州萝卜病虫害的防治以加强栽培管理、实行轮作等农业措施为主，生产上减少用药。

(五) 适时采收

黄州萝卜一般以肉质根充分肥大、叶色转淡并开始变黄为收获适期。黄州萝卜能耐0～1 ℃的低温，如遇－3 ℃以下的低温，即使天气转暖后受冻的肉质根能够复原，食之也有异味，品质变劣。因此，黄州萝卜的收获适期应定在气温低于－3 ℃的寒流到来之前，准备储藏的黄州萝卜则必须在上冻前及时收获。采收后最好把黄州萝卜的根顶切去，以避免其在储藏中长叶抽薹，消耗养分，引起肉质根糠心，降低食用价值。

黄州萝卜生长后期，经过几次轻霜，可以促进肉质根中淀粉向糖分的转化，使风味品质变佳。特别是生食用黄州萝卜，此过程尤为重要。所以，黄州萝卜的收获期不宜过早，一般根据天气来确定。另外，收获期还要根据黄州萝卜品种特性、播种期、植株的生长状况和收获后的用途来决定。收获过晚易糠心，黄州萝卜多数在11月下旬至12月上中旬采收。

第四章

病虫害防治技术

一、主要病害

（一）病毒病

病毒病是黄州萝卜的主要病害，发生普遍，一般发病率为10%左右，轻时影响产量，严重时发病率为20%～30%，对产量和质量都有明显影响。

1. 症状 病株生长不良。心叶表现明脉症，并逐渐形成花叶斑驳，叶片皱缩、畸形，严重病株出现疱疹状叶。染病黄州萝卜的叶片上可出现许多直径2～4毫米的圆形黑斑，茎、花梗上产生黑色条斑。病株受害表现为植株矮化，但很少出现畸形，结荚少且不饱满。

2. 病原菌 其病原菌有芜菁花叶病毒(TuMV)、黄瓜花叶病毒(CMV)和萝卜耳突花叶病毒(REMV)。病毒寄主范围广，可侵染十字花科、藜科、茄科植物。

3. 传播途径 病毒主要在病株和叶中越冬，可通过摩擦方式进行汁液传播。在周年栽培十字花科蔬菜的地区，病毒能不断地从病株传到健康植株上引起发病。此外，REMV可由黄条跳甲等传播。TuMV和CMV可由桃蚜、萝卜蚜传播。

4. 发生规律 病毒病的发病条件与黄州萝卜的发育阶段、有翅蚜的迁飞活动、气候、品种的抗病性和黄州萝卜的连作等都有一定的关系。黄州萝卜苗期植株柔嫩，若遇蚜虫迁飞高峰或高温干旱，容易引起病毒病的感染和流行，且受害严重。病害发生流行的适宜温度为28 ℃左右，潜育期为8～14天。高温干旱对蚜虫的繁殖和活动有利，对萝卜生长发育不利，植株抗病力弱，发病较严重。不同萝卜品种对病毒的抵抗力差异很大，同一品种不同个体的发病程度也不一致。黄州萝卜与十字花科蔬菜互为邻作时病毒相互传染，发病重。黄州萝卜与非十字花科蔬菜邻作时发病轻。另外，不适当早播也常引起病毒病的流行。

5. 综合防治

（1）农业防治：黄州萝卜在干旱年份宜早播。高畦直播时，苗期多浇水，以降低地温。适当晚定苗，选留无病株。与大田作物间套作，可明显减轻病害。苗期用银灰膜或塑料反光膜、铝光纸反光遮蚜虫。

（2）化学防治：发病初期喷20%吗胍·乙酸铜可湿性粉剂500倍液，或1.5%烷醇·硫酸铜乳剂1000倍液。每隔10天左右喷1次，连续喷3～4次。在苗期防治蚜虫和黄条跳甲。

（二）霜霉病

霜霉病是黄州萝卜的一种主要病害，发生普遍，可造成其产量和品质严重下降，病害流行年份损失较大，发病较重。

1. 症状　霜霉病在黄州萝卜的整个生育期均可发病，从植株下部向上部扩展。

（1）叶片：发病初期，叶片正面出现褪绿小黄点，叶背面呈水浸状。发病中期，叶片病斑受叶脉限制形成多角形或不规则形，直径3～7毫米，淡黄色至黄褐色。湿度大时，在叶片背面密生白色霉层，即病原菌的孢囊梗和孢子囊。病害严重发生时，多个病斑连接在一起，导致叶片变黄干枯。叶缘上卷是其重要的症状。

（2）茎部：发病时出现黑褐色不规则状斑点。

（3）根部：受害部位表面产生灰褐色或灰黄色稍凹陷的斑痕，储藏时极易引起腐烂。

（4）采种株：主要危害种荚，产生淡褐色不规则状病斑，上有白色霜状霉层。

2. 病原菌　病原菌为寄生霜霉，属卵菌门霜霉属。寄生霜霉在病残体、土壤和采种株体内越冬。冬季田间种植十字花科蔬菜的地区，寄生霜霉在这些寄主体内越冬，并在病残体、土壤和种子表面越夏。寄生霜霉经风雨传播蔓延,从植株表面侵入。

3. 发生规律 一般认为,菜田土壤中病枯叶内的卵孢子和种子内潜伏的菌丝是初次侵染途径的主要来源。此外,初侵染源还包括以下3个方面。

(1) 种子带菌:卵孢子附着在种子表面越冬或越夏,成为下茬或翌年初侵染源。春季发病的中后期,发病组织上形成大量的卵孢子,这些卵孢子只需经1～2个月的休眠,环境条件适宜时即可萌发。

(2) 病残体带菌:卵孢子随病残体在土壤中越冬,在土壤中可存活3年,条件适宜时仅需2个月就可萌发,卵孢子萌发时会产生芽管,从幼苗茎部侵入,并造成局部侵染,菌丝体向上延伸到子叶及第一对真叶,随后在其叶片背面产生白色霜状霉层。

(3) 越冬种株带菌:黄州萝卜种株经储藏以后,种株根头部可以带菌,病原菌随气流传播,遇到适宜条件便可侵染蔓延。

4. 传播途径

(1) 气流传播:菌丝体在种株及田间病残体上越冬,翌年菌丝萌发产生孢囊梗,孢囊梗从气孔伸出产生孢子囊,孢子囊随气流传播。在新寄主上,病原菌从表皮、气孔或伤口处进入侵染。

(2) 雨水和灌溉水传播:雨季来临或进行灌溉时,土壤或病残体中的病原菌随水滴飞溅或径流传播到附近健康植株,或在田块内传播。

(3) 种子传播:研究发现,一般感病品种种子带菌率都比较高,种子内的潜伏菌丝可以造成幼苗局部的侵染。

5. 发病原因

(1) 温度:温度是影响霜霉病流行的重要因素,它决定病害出现的早晚和发展速度。孢子萌发适温为7～13 ℃,侵入适温为16 ℃,而菌丝的发育需要较高的温度,适温为20～24 ℃。因此,15～25 ℃有利于病害发生,在24～25 ℃条件下病斑发展较快,高于25 ℃或低于14 ℃不利于病害发生。

(2) 湿度:湿度决定了病害发展的严重程度,在日照不足、田间高湿条件下,病害发生严重。尤其在多雨、多雾、日夜温差大时,病害极易流行。空气相对湿度在95%以上时病害发生严重。

6. 综合防治

（1）农业防治。

①选择无病种子：选择无病田或无病植株留种，防止种子带菌。

②田园清洁：清除、焚烧或深埋感病植株和杂草，以减少初侵染源。及时清除田间病株老叶，减少再侵染源。

③田间管理：播种前精细整地，深翻土壤，与非十字花科作物实行2年以上轮作。播种前必须施腐熟的农家肥，施足基肥，增施磷、钾肥，化肥分期使用。采用高畦栽培，及时排水，以降低田间湿度。

④覆盖地膜：采用地膜覆盖栽培，一方面可防止地下病残体带菌传播，另一方面可降低地面空气湿度，从而降低霜霉病的发病率。

（2）生物防治。

发病初期，选用每克含1.5亿个活孢子的木霉菌（快杀菌）可湿性粉剂400～800倍液喷雾防治，每隔7～10天喷1次，连喷3～5次，可有效防治霜霉病。

（3）化学防治。

①药剂拌种：播种前，可以使用65%代森锰锌可湿性粉剂或75%百菌清可湿性粉剂拌种，用药量为种子重量的0.3%～0.4%，以减少种子表面的病原菌。

②药剂防治：发病初期可以有效控制病害的发生与防治。选用50%烯酰·锰锌可湿性粉剂1000倍液，整株喷施，每隔5～7天喷1次，连续喷3～4次。此外，常用的药剂还有50%霜脲氰可湿性粉剂1500倍液，或72.2%霜霉威水剂800倍液，每隔5～7天喷1次，连续喷2～3次。喷药必须细致周到，特别是要喷到叶片背面。注意交替轮换使用不同类型药剂，避免单一用药使病原菌产生抗药性。

（三）黑腐病

黑腐病俗称黑心病、烂心病，是萝卜常见的病害之一。生长期和储藏期均可引起黑腐病危害。其主要危害黄州萝卜的叶和根,黄州萝卜根内部变黑,失去商品性,可造成很大损失。

1. 症状

(1) 叶片:幼苗期发病子叶感病,病原菌从叶缘侵入引起发病,叶片初呈黄色萎蔫状,之后逐渐枯死。幼苗发病严重时,可导致幼苗萎蔫、枯死或病情迅速蔓延至真叶。真叶感病时会形成黄褐色坏死斑,病斑具有明显的黄绿色晕边,病健界限不明显,且病斑由叶缘逐渐向内部扩展,呈"V"形,部分叶片发病后向一边扭曲。之后继续向内发展,叶脉变黑呈网纹状,整叶逐渐变黄干枯。病原菌沿叶脉和维管束向短缩茎部和根部发展,最后使全株叶片变黄枯死。

(2) 根部:黄州萝卜肉质根受侵染后,透过日光可见暗灰色病变。横切看,维管束呈黑褐色放射线状,严重发病时呈干缩的空洞。黑腐病导致维管束溢出菌脓而呈黑褐色,可与因缺硼引起的生理性变黑相区别。另外,留种株发病严重时,叶片枯死,茎上密布病斑,种荚瘦小,种子干瘪。

2. 病原菌 黑腐病属细菌性病害,病原菌为野油菜黄单胞杆菌野油菜黑腐病致病型。这种病原菌可以侵染萝卜、白菜类、甘蓝等多种十字花科蔬菜。

3. 发生规律 初侵染源主要包括以下几个方面。

(1) 带菌种子:黑腐病是一种种传病害,种子带菌率为0.03%时就能造成该病害的大规模暴发。在染病的种株上,病原菌可从果柄维管束或种脐进入种荚或种皮,使种子带菌。种子是黑腐病的重要初侵染源之一。

(2) 土壤及病残体:在田间,黑腐病病原菌可以存活于土壤中或土表的植株病残体上,该病原菌在植株病残体上的存活时间可达2~3年,而离开植株病残体后,其在土壤中存活时间不会超过6周,带茎的植株病残体是该病在田间最主要的初侵染源。

(3) 杂草:一些十字花科杂草是黑腐病病原菌的寄主,如芜菁、印度芥菜、黑芥、芥菜、野萝卜、大蒜芥等,田间及田块周围带菌的杂草也是该病的初侵染源之一。

4. 传播途径

(1) 种子传播:从黑腐病侵染循环中可以看出,种子是病害发生的重要初侵染源。商品种子的快速流通,可使该病大面积发生。

(2) 雨水和灌溉水传播:雨水的地表径流及雨滴的飞溅,导致该病原菌传播到感病寄主上,从其伤口、气孔及水孔进入侵染;田间灌溉时,灌溉水水滴飞溅将土壤、病残体中的病原菌传播到感病寄主上进行侵染。在潮湿条件下,叶缘形成吐水液滴,病原菌聚集在吐水液滴中,水滴飞溅也可导致病原菌传播到相邻植株上。

(3) 生物媒介传播:田间昆虫取食感病植株,可将该病原菌传播至其他作物上导致感病。此外,部分昆虫取食时在作物叶片上造成伤口,为病原菌的侵染也创造了条件。

(4) 农事操作传播:植株种植过密或生长过旺时进行农事操作,使株间叶片频繁摩擦造成大量伤口,增加了病原菌侵染的机会。农事操作人员在操作后未及时更换鞋子、手套,未对农机具消毒等,可使病原菌从有病株传播到无病株,或传播到另一个田块,使得该病原菌在田间传播蔓延。同时,不恰当的农事操作也会造成该病原菌在田间的进一步传播,如田间病残体及杂草未及时清除,或清除后仍然堆放于田块周围,未及时进行焚烧或深埋等处理,进一步增加了该病原菌传播与侵染的机会。

5. 流行因素 黑腐病在温暖、潮湿的环境下易暴发流行。温度25~30 ℃、地势低洼、排水不良,尤其是早播、与十字花科作物连作、种植过密、粗放管理、植株徒长、虫害发生严重的田块发病较重。

6. 综合防治

(1) 农业防治:目前农业防治仍然是防控黑腐病的主要方式。

①使用无菌种子且对种子进行消毒:从无病田或无病株上采种。播种前对种子进行消毒,用50 ℃热水浸种25分钟或50%代森锌水剂200倍液浸种15分钟以杀死种子表面携带的多种致病菌。

②注意田园清洁:发现病株或杂草,应立即拔除,并将其深埋或带到田块外烧毁。

③加强田间管理:平整地势,改善田间灌溉系统,与非十字花科作物轮作,避免种植过密,植株徒长,加强田间虫害的防控。

(2) 综合防治:细菌性病害传播很快,短时间内就能在生产田中造成大规模暴发流行。对该病害的防治应以预防为主,在作物发病前或发病初期施药,能较好地控制病害的发生和病原菌的传播。

①生物防治:使用生物农药,用3%中生菌素可湿性粉剂600倍液于幼苗2~4片真叶期进行叶面喷雾,每隔3天喷1次,连续喷2~3次。

②化学防治:常用防治药剂及方法如下。用50%噁霉灵可湿性粉剂1200~1500倍液,或70%甲基硫菌灵可湿性粉剂1500倍液,或77%氢氧化铜可湿性粉剂400~500倍液,或20%噻菌铜悬浮剂600~700倍液喷雾或灌根。田间喷药可在一定程度上减慢黑腐病的传播速度。同时,用药量及用药时间应严格掌握,中午及采收前禁止用药,否则易造成药害。黑腐病发病初期也可喷施50%多菌灵可湿性粉剂1000倍液,每隔7天喷1次,连续喷2~3次。感病前可喷施植物抗病诱导剂苯并噻二唑,该药剂在离体条件下无杀菌活性,但能够诱导一些植物的免疫活性,起到抗病、防病的作用。大田喷施50%苯并噻二唑水分散粒剂,每公顷使用该药剂有效成分不超过35克,每隔7天喷1次,连续喷4次,能减少作物发病。

(四)软腐病

软腐病又称白腐病,是萝卜的一般性病害。各地都有发生,多在高温时期发生。主要危害根、茎、叶柄或叶片。

1. 症状 软腐病主要危害根、茎,叶柄、叶片也会发病。苗期发病,叶基部呈水渍状,叶柄软化,叶片黄化萎蔫。成熟期发病,叶柄基部水渍状软化,叶片黄化下垂。短缩茎发病后向根部发展,引起中心部腐烂,发生恶臭,根部多从根尖开始发病,出现油渍状的褐色病斑,发展后根部变软腐烂,继而向上蔓延使心叶成黑褐色软腐状,烂成黏滑的稀泥状。肉质根在储藏期染病会使部分或整体变成黑褐色软腐状。采种株染病后外部形态往往无异常,但髓部完全溃烂变空,仅留肉质根的空壳。植株所有发病部位除表现为黏滑的稀泥状外,均发出一股难闻的臭味。黄州萝卜得软腐病时维管束不变黑,可与黑腐病相区别。

2. 病原菌 病原菌为胡萝卜软腐欧文菌胡萝卜软腐致病型。这种病原菌可以侵染十字花科、茄科、百合科、伞形科及菊科蔬菜。病原菌主要在土壤中生存，条件适宜时从伤口侵入进行初侵染和再侵染。

3. 发生规律 病原菌主要在留种株、病残体和土壤里越冬，成为翌年的初侵染源。黄州萝卜软腐病的发病与气候、害虫和栽培条件有一定的关系。该病原菌发育温度为 2～41 ℃，适温为 25～30 ℃，50 ℃条件下经 10 分钟其可死亡。耐酸碱度(pH 值)范围为 5.3～9.2，适宜 pH 值为 7.2。多雨高温天气，病害容易流行。植株体表机械伤、虫伤、自然伤皆利于病原菌的侵入。同时，有的害虫体内外携带该病原菌，是传播病害的媒介。此外，栽培条件也与病害发生有一定的关系，如高畦栽培比平畦栽培发病轻。凡施用未腐熟的有机肥、土壤黏重、表土瘠薄、地势低洼、排水不良、大水漫灌、中耕时伤根以及植株生长衰弱等，植株发病均较重。与寄主作物如十字花科、茄科等作物连作或邻作时，病原菌来源多，也使其发病较重。

4. 综合防治 黄州萝卜软腐病的防治应以加强耕作和栽培控制措施为主，适当配合施药。

(1) 农业防治：加强栽培管理，最好与禾本科作物、豆类和葱蒜类作物轮作；平整土地，清沟整畦，采取高畦栽培；浇水实行沟灌，严防大水漫灌，这样可排水防涝，减少发病，但盐碱地不宜采用此法；加强肥水管理；农事操作中避免植株形成伤口；及时中耕除草，保持土壤一定湿度。

(2) 化学防治：发现病株要立即拔出，并喷药保护，防止病害蔓延。发病初期用生石灰和硫黄(50∶1)混合粉按每平方米 150 克撒于地面，进行土壤消毒。常选用硫酸链霉素可溶性粉剂 100～200 毫克/升，或 14%络氨铜水剂 300～350 倍液等，每隔 10 天左右防治 1 次，共防治 1～2 次。

(五) 炭疽病

炭疽病是黄州萝卜的常见病害，主要危害叶片，采种株茎、荚也可受害。

1. 症状 被害叶初生针尖大小、水渍状苍白色小点，后扩大为直径2～3毫米的褐色病斑，后病斑中央褪为灰白色半透明状，易穿孔。严重时多个病斑融合成不规则深褐色较大病斑，致叶片枯黄。茎或荚上病斑近圆形或梭形，稍凹陷。湿度大时，病斑产生淡红色黏质物，即病原菌分生孢子。

2. 病原菌 炭疽病病原菌为希金斯刺盘孢，属半知菌亚门真菌。

3. 发生规律 病原菌以菌丝体的形式随病残体遗留在地面越冬，或以菌丝体、分生孢子的形式附着在种子上越冬，或寄生在白菜、萝卜等作物采种株及其他越冬十字花科蔬菜上。翌春温度、湿度条件适宜时，病原菌侵染春季小白菜，再经夏季小白菜，至秋季危害大白菜、萝卜。田间因雨水冲洗，病株上的分生孢子溅落到邻近健康植株上引起侵染。秋菜收获后病原菌又以菌丝体、分生孢子的形式在地表的病残体或在种子上越冬，成为翌年初侵染源。秋季高温、多雨时发病重。

4. 综合防治

(1) 种子处理：用50 ℃温水浸种20分钟，然后移入冷水中冷却，晾干播种。

(2) 清洁田园：收获后及时清除病残体。

(3) 适期晚播：重病区适期晚播，避开高温、多雨的早秋病害易发期。

(4) 化学防治：发病初期喷洒50%甲基硫菌灵可湿性粉剂500倍液，或50%多菌灵可湿性粉剂500倍液，每隔7～8天喷洒1次，连续喷洒2～3次。

（六）青枯病

1. 症状 黄州萝卜受害后，病株地上部分发生萎蔫，叶色变淡，开始萎蔫时早晚还能恢复，数日后则不能恢复，直至死亡。病株的根为黑褐色，主根有时从水腐部分截断，其维管束组织变为褐色。

2. 病原菌 青枯病的病原菌为茄科劳尔氏菌。该菌在10～41 ℃下生存，在35～37 ℃繁殖最为旺盛。茄科劳尔氏菌为革兰阴性菌，对直流电、原子氧、次氯酸表现敏感。根际环境中若含有微量的原子氧、臭氧就能氧化掉病原菌的鞭毛，改变病原菌的数量、活性。

3. 发生规律　病原菌随病残体在土壤里越冬，成为翌年初侵染源。病原菌由植株根部或茎基部伤口侵入，借水传播再侵染。高温、高湿有利于病害流行。植株表面结露，有水膜，土壤含水量较高，气温保持在 18～20 ℃，均是病原菌侵染的有利条件，暴风雨后病害发展快。

4. 综合防治

(1) 农业措施以轮作为主，连年重病田最好与禾本科作物轮作 3 年，如与水稻轮作，1 年即可。

(2) 发现病株及时拔除，病穴撒生石灰进行消毒，酸性土壤可结合整地，每 1000 平方米撒生石灰 75～150 千克。

(3) 化学防治：发现病株要立即拔除，并喷药保护，防止病害蔓延。常用药剂有硫酸链霉素可溶性粉剂 100～200 毫克/升。

（七）黑斑病

黑斑病是黄州萝卜的一种普遍病害，各地均有分布。严重时病株率可达 80%～100%，严重影响产量和品质。

1. 症状　黑斑病主要危害叶片，叶面受害后初生黑褐色至黑色稍隆起小圆斑，扩大后边缘呈苍白色，中心部淡褐色至灰褐色病斑，直径 3～6 毫米，同心轮纹不明显，湿度大时病斑上生淡黑色霉状物，即病原菌分生孢子梗和分生孢子。病部发脆易破碎，发病严重时叶片局部枯死。采种株叶、茎、荚均可发病，茎及花梗上病斑多为黑褐色椭圆形病斑。

2. 病原菌　病原菌为萝卜链格孢，属半知菌亚门真菌。病原菌以菌丝体或分生孢子的形式在病叶上存活，是全年发病的初侵染源。此外，带病的萝卜种子的胚叶组织内也有菌丝潜伏，可借种子发芽侵入根部。

3. 发生规律　黑斑病在一些地区可周年发生。病原菌分生孢子借助气流、雨水和灌溉水传播，由植株气孔或表皮直接侵染。温湿度条件适宜时，病原菌侵染后 1 周左右便可产生大量分生孢子，成为当年重复侵染的重要病原菌。该病发病的适温为 25 ℃，最高温度为 40 ℃，最低温度为 15 ℃。

4. 综合防治

(1) 种子处理:用50%福美双可湿性粉剂,或40%克菌丹可湿性粉剂、75%百菌清可湿性粉剂、50%异菌脲可湿性粉剂拌种,进行种子消毒。用药量为种子重量的0.4%。

(2) 农业防治:大面积轮作,收获后及时翻晒土地,清洁田园,减少田间菌源。加强管理,提高萝卜抗病力和耐病性。

(3) 化学防治:发病前喷75%百菌清可湿性粉剂500~600倍液,或50%异菌脲可湿性粉剂1000倍液,或58%甲霜·锰锌可湿性粉剂500倍液,或64%噁霜·锰锌可湿性粉剂500倍液,或40%敌菌丹可湿性粉剂600倍液,或80%代森锰锌可湿性粉剂600倍液,每隔7~10天喷1次,连续喷3~4次,可有效防治黑斑病。

(八) 白锈病

萝卜白锈病常与霜霉病并发,在全国各地均有分布,是长江中下游、东部沿海等地的重要病害。该病可危害叶、茎、花梗、花、荚果。一般发病率为5%~10%,重病田高达50%左右。从苗期到结荚期均有发病,以抽薹开花期发病最重。

1. 症状 叶片被害后先在正面出现淡绿色小斑点,随后变黄,在相对的叶背长出稍突起、直径1~2毫米的乳白色疱斑即孢子堆。疱斑零星分散,成熟后表皮破裂,散出白色粉状物,即病原菌的孢子囊。发病严重时病斑密布全叶,致叶片枯黄脱落。茎及花梗受害后会肥肿弯曲成龙头状,其上长有椭圆形或条状乳白色疱斑。被害花肥大畸形,花瓣变绿似叶状,经久不凋落,不结荚,并长有乳白色疱斑。病荚果细小、畸形,也有乳白色疱斑。

2. 病原菌 白锈病的病原菌为大孢白锈菌,属鞭毛菌亚门真菌。该菌菌丝无分隔,蔓延于寄主细胞间隙。孢子囊梗短呈棍棒状,其顶端着生链状孢子囊。孢子囊卵圆形至球形,无色,萌发时会产生5~18个具双鞭毛的游动孢子。卵孢子褐色,近球形,外壁有瘤状突起。孢子囊萌发适温为10 ℃,

最高温度为25 ℃，侵入寄主适温为18 ℃。

3. 发生规律　病原菌以菌丝体的形式在种株或病残体中越冬，卵孢子也可以在土壤里越冬或越夏。带菌的病残体和种子是主要的初侵染源。大孢白锈菌在0～25 ℃均可萌发，以10 ℃最为适宜。

4. 综合防治

（1）轮作：与非十字花科蔬菜隔年轮作，可减少菌量，减轻发病。

（2）选用无病种子，进行种子处理：从无病株上采种。可用10%的盐水选种，清除秕粒、病籽，选无病、饱满种子留种；用50%福美双可湿性粉剂或75%百菌清可湿性粉剂拌种，用药量为种子重量的0.4%。

（3）改善和加强栽培管理：适时适量追肥，增施磷、钾肥，增强植株抗病性；及早摘除发病茎叶或拔除病株，减少田间菌源，减轻病害。

（4）药剂防治：在发病初期及时施药，苗期和抽薹期重点防治。常用药剂如下：25%甲霜灵可湿性粉剂800倍液，或58%甲霜・锰锌可湿性粉剂500倍液，或64%噁霜・锰锌可湿性粉剂500倍液，或40%琥・铝・甲霜灵可湿性粉剂600倍液等，每隔10～15天喷药1次，喷1～2次即可。也可用75%百菌清可湿性粉剂600倍液，或65%代森锌可湿性粉剂500倍液，或50%福美双可湿性粉剂500～800倍液，或50%克菌丹可湿性粉剂500倍液，或波尔多液（硫酸铜∶生石灰∶水=1∶1∶200）等。在病害流行时，每隔5～7天喷药1次，连续喷2～3次。

（九）根肿病

萝卜根肿病是一般性病害，该病具有传染性强、传播速度快、传播途径多、防治困难等特点，这使得根肿病在我国蔓延迅速，从而影响萝卜的产量及品质。目前，在黄州萝卜上还未发现此病害，但在湖北其他地区已出现萝卜根肿病，应引起防控重视。

1. 症状　根肿病主要危害根部。发病初期病株生长迟缓、矮小、黄化。基部叶片常在中午萎蔫、早晚恢复，后期基部叶片变黄枯死。病株根部出现肿瘤是本病最显著的特征。萝卜及芜菁等根菜类受害后多在侧根上产生肿瘤，一般主根不变形或仅根端生瘤。病根初期表现为光滑，后期龟裂、粗糙，易遭受其他病原菌侵染而腐烂。根部形成肿瘤，严重影响植株对水分和矿质营养的吸收，从而致使地上部分出现生长不良甚至枯死的症状。但后期感染的植株或土壤条件适合寄主生长时，病株症状轻微、不易觉察，根上的肿瘤也很小。

2. 病原菌 根肿病是由芸薹根肿菌侵染所致，是重要的根部病害。主要以休眠孢子囊的形式黏附在种子、病残体上，或散落在田间、土壤中越冬或越夏；部分病原菌的休眠孢子在未腐熟的粪肥中存在，后随着有机肥的施用带入田间。休眠孢子囊在土壤中的存活能力很强，一般至少可以存活 8 年，环境适宜时可以存活 15 年以上，越冬和越夏后的休眠孢子可在田间进行传播。

3. 发生规律 土壤偏酸性（pH 值 5.4～6.5），土壤含水量 70%～90%，温度 19～25 ℃有利于发病；温度 9 ℃以下或 30 ℃以上很少发病；在适宜条件下，经 18 小时，病原菌即可完成侵入；低洼地及水田改的旱菜地发病较重；种子一般不带菌；植株受侵染越早，发病越严重。

4. 传播途径

（1）近距离传播。

①雨水及灌溉水传播：病原菌的休眠孢子随雨水及灌溉水在田间由高地势向低洼地势传播。例如，高山种植的十字花科作物发生根肿病后，土壤中根肿病的休眠孢子会随雨水或灌溉水的地表径流传到山下或者地势较低洼的田地，同时，大雨及流水也能把带菌泥土传送到较远的地区。

②土壤中的线虫及昆虫传播：病原菌的休眠孢子可以借助土壤中的线虫、昆虫等的活动在田间近距离传播。

③农事操作传播：农事操作人员在发生根肿病的田块进行农事活动后携带病残体及含根肿菌的土壤，可使病原菌在本田传播，同时也可从一块田地传到另一块田地；耙地及耕地时农机具携带病残体或带有含根肿菌的土壤，也是造成根肿病在田间近距离传播的途径之一。

④土粪肥传播：病区土壤中有大量的病残体及休眠孢子，施用未腐熟充分的土粪肥时，会把大量病原菌带入田中导致无病田块发病。所以，这也是造成该病近距离传播的途径之一。

⑤家禽及家畜传播：农村粗放饲养的家禽及家畜携带带菌土壤或病残体在田间活动，也会造成该病在近距离及远距离的传播。

（2）远距离传播：带病植株大范围远距离的调运是根肿病远距离传播的主要途径；农机具携带病残体及带菌土壤远距离移动也是造成该病远距离传播的途径之一；商品菜根部携带带菌土壤及病残体随着市场流通，跨县、市、省远距离运输，是造成根肿病大面积扩散的主要途径。

5. 综合防治

（1）实行轮作：发病重的菜地要实行5～6年轮作。春季可与茄果类、瓜类和豆类蔬菜轮作，秋季可与菠菜、莴苣和葱蒜类蔬菜轮作。有条件的地区还可实行水旱轮作。

（2）加强栽培管理：采用高畦栽培，并注意田间排水；勤中耕、勤除草，施用充分腐熟的有机肥，增施有机肥和磷肥，以提高植株抗病性；及时拔除病株并携带至田外烧毁，防止病原菌蔓延；农事操作人员在对发病田进行农事操作后应及时对鞋子、衣服、农机具等进行消毒，防止将病原菌带入无病田块。

（3）改良土壤酸碱度：通过适量增施生石灰调整土壤酸碱度，使其变成微碱性，可以明显地减轻病害。可以在种植前7～10天将生石灰粉均匀地撒在地面，也可穴施。在菜地出现少数病株时，用15%石灰乳少量灌根也可控制病害蔓延。

（4）太阳能消毒：利用地膜覆盖和太阳能辐射，使带菌土壤增温数日，可用高温消灭部分病原菌，起到减轻发病的作用。

（5）化学药剂防治：可用75%百菌清可湿性粉剂于定苗前畦面均匀条施，另外，苯菌灵、代森锌也有较好的防治效果。

二、生理性病害及防治

因栽培环境条件(温度、光照、水、气、营养等),单因素或多因素不正常,或存在有害物质,或采取了不妥当的管理措施,使黄州萝卜生长发育不正常,称为生理性病害,也叫非侵染性病害。黄州萝卜的生理性病害主要有以下几种。

(一)先期抽薹

1. 发生原因 先期抽薹,消耗大量营养,肉质根膨大期间得不到足够营养,处于"饥饿"状态,严重影响肉质根的膨大和形成,品质变差。先期抽薹的原因如下:①种子萌芽或幼苗发育阶段低温期太长,通过了春化阶段。②使用了多年陈旧的种子,生活力减弱。③栽培管理粗放,幼苗生长不良,促其先期抽薹。异常天气,幼苗长期处于长日照和强光照的环境下,也会造成先期抽薹。

2. 防治措施 注意合理安排播种期,选用籽粒饱满均匀的新籽,培育粗壮秧苗。

(二)糠心

糠心又称空心,它不仅使肉质根重量减轻,而且使其中的淀粉、维生素含量降低,品质降低,影响加工、食用和耐储藏性。糠心现象主要发生在肉质根形成的中、后期和储藏期间,是由输导组织木质部的一些薄壁细胞对水分和营养物质的运输产生困难所致。最初表现为组织衰老,内含物逐渐减少使薄壁细胞处于饥饿状态,产生细胞间隙,最后形成糠心状态。

糠心现象受多种因素的影响。第一,糠心与环境条件有关。一般较高的日温和较低的夜温比较适宜黄州萝卜的生长，不易发生糠心现象，如果日夜温度都高，特别是夜间温度高，就会消耗大量的同化产物，容易引起糠心，短日照条件有利于肉质根的形成，在长日照条件下往往也会出现糠心现象；在肉质根形成期间如果光照不足，同化产物减少，茎叶生长受到限制，也会容易发生糠心现象；黄州萝卜在肉质根膨大初期，土壤水分较多，而膨大后期遇高温干旱，会容易引起糠心现象；在肉质根膨大期间供肥过多，肉质根膨大过快，会容易产生糠心现象；种植密度不合理也会导致糠心，密度小时，植株生长旺盛，肉质根膨大过快，容易产生糠心；播种期过早也会产生糠心现象。第二，先期抽薹也是引起糠心的原因之一，由于抽薹后，营养向地上部转移，肉质根会因缺乏营养而出现糠心现象。第三，储藏时管理不善，储藏期过长，都能使黄州萝卜大量失去水分而产生糠心。

生产上要针对以上原因采取适当措施防止糠心。另外，也可以向叶面喷肥或喷适量激素防止糠心。据研究，5%蔗糖、5 毫克/升的硼和 50～100 毫克/升的 α-萘乙酸混合液喷施，防止糠心效果较好。因此，为了防止和减轻黄州萝卜糠心，提高黄州萝卜的商品性和营养品质，必须从肥水管理和储藏环节上采取必要措施。

①精细管理：适时播种，合理密植。在栽培过程中，加强肥水管理，及时掰掉老叶、病叶，保留 6～8 片功能叶，以提高田间通透性，同时控制地上部营养消耗。

②科学施肥：按照以基肥为主，追肥为辅，氮、磷、钾肥合理搭配，增施钾肥的原则，促进根系发育，增强输导组织功能。同时，防止因氮肥过多致使叶片生长过旺，影响同化产物向肉质根运输。做到地上部与肉质根生长平衡，使肉质根既肥大又不糠心。生产中可结合整地每亩施腐熟有机肥 3000 千克、三元复合肥 50 千克作基肥，切忌氮、磷、钾肥单独施用。在肉质根膨大初期可结合浇水每亩冲施高钾复合肥 20 千克，一般施 1～2 次。

③控制湿度和温度：利用浇水控制土壤湿度，防止土壤过干或过湿，可采用“天旱浇透，阴天浇匀”的方法，使土壤相对含水量保持在 70%～80%。生长后期，天旱时应适当浇水，浇水宜在傍晚时进行，以降低地温，利于叶内的

营养物质向根部运转，促进肉质根的膨大，防止糠心。

④化学控制：一般在采收前3周左右，喷洒50毫克/千克α-萘乙酸溶液2次，每次间隔10～15天，既不影响肉质根生长，又能防止糠心，延迟成熟。若在喷洒α-萘乙酸时，加5%蔗糖和5毫克/千克硼砂溶液，则既能有效防止糠心又能明显改善口感，效果更好。

⑤适时收获：黄州萝卜糠心也是植株衰老的表现，收获越晚糠心越严重。当肉质根单根重500克左右时，应根据市场行情，适时收获。在储藏时注意保持适宜的储藏温度和储藏时间。

（三）肉质根的分杈、弯曲和开裂

黄州萝卜的分杈、弯曲是在肉质根的发育过程中，侧根在特殊条件下膨大使直根分杈成2条甚至3～4条畸形根的现象，它严重影响了黄州萝卜商品性状。肉质根的分杈和弯曲主要是主根生长点受到破坏或主根生长受阻而造成的侧根膨大所致。在正常情况下，侧根的功能是吸收养分和水分，一般不膨大。如果土壤耕作层太浅，或土壤坚硬、石砾块阻碍肉质根的生长就会使肉质根发生杈根或弯曲；施用未腐熟有机肥或浓度过高的肥料，也容易使主根损伤，引起肉质根分杈、弯曲；地下害虫咬断直根后也会引起分杈。另外，采用储藏4～5年的陈种子播种或移植中主根受损也会使肉质根分杈或弯曲。在生产中要加强管理，避免施用未腐熟的有机肥和浓度过大的肥料，土壤要深耕晒垡，对含有较多石砾块的土壤要先进行清理再用于黄州萝卜栽培。除特殊情况外，尽可能采用1～2年的新种子作为栽培用种。

（四）裂根

黄州萝卜肉质根开裂有纵裂和横裂，还有根头部的放射状开裂。主要是由于肉质根膨大时期供水不匀，特别是肉质根形成初期，土壤干旱，肉质根生长不良，组织老化，质地较硬。生长后期营养条件良好和供水过多时，木质部细胞迅速膨大，使根部内部的压力增大，而皮层及韧皮部不能相应地生长而导致裂根。有时初期供水多，随后遇到干旱，以后又遇到多湿的环境也会引起肉质根开裂。

防治措施是做好排灌工作，在黄州萝卜生长前期遇到干旱时要及时灌水，中、后期肉质根迅速膨大时则要均匀供水，防止先旱后涝，同时注意雨后及时排水。

（五）辣味和苦味

黄州萝卜中含有芥辣油，其含量适中时，黄州萝卜风味好，含量过多则辣味加重。肉质根的辣味重是由高温、干旱、肥水不足、病虫害，以及肉质根未能充分膨大而使其内部产生过量芥辣油造成的。苦味多是由天气炎热或偏施氮肥而磷、钾肥不足，使肉质根内产生一种含氮的碱性化合物苦瓜素造成的。生产中应根据其发生原因加以防治，如秋播适当推迟，高温炎热时采用遮阳网降温栽培，干旱时及时浇水，保证肥水的充足供应，施肥时注意氮、磷、钾肥的合理配比，及时防治病虫害等，创造良好的生长条件，都可以起到良好的防治效果。这样，既能提高黄州萝卜的产量，又能改善黄州萝卜的品质。

（六）缺素症及补救方法

近年来，由于连茬种植，土壤肥力水平失衡，养分缺乏，缺素症逐年加重，导致黄州萝卜产量和品质下降。

1. 缺氮症　黄州萝卜缺氮时，自老叶至新叶逐渐老化，叶片瘦小，基部变黄，生长缓慢，肉质根短细瘦弱，不膨大。补救方法为每亩追施尿素7.5～10千克，或每亩腐殖酸冲施肥10千克，随浇水浇灌1～2次。

2. 缺磷症　黄州萝卜缺磷时，植株矮小，叶片小、呈暗绿色，下部叶片呈紫色或红褐色，侧根生长不良，肉质根不膨大。补救方法为每亩用磷酸二氢钾100～150克兑水50升喷施。

3. 缺钾症　黄州萝卜缺钾时，可使老叶的尖端和叶边变黄变褐，沿叶脉呈现组织坏死斑点，肉质根膨大时出现症状。补救方法为每亩追施硫酸钾

5～8 千克,也可叶面喷 1%氯化钾溶液或 2%～3%硝酸钾溶液或 3%～5%草木灰浸出液。

4. 缺硼症 黄州萝卜缺硼时,严重时茎尖死亡,叶和叶柄脆弱易断。肉质根变色坏死,折断可见其中心变黑。补救方法为每亩用硼砂 50～100 克热水溶解后兑水 50 升叶面喷施,每隔 7～10 天喷 1 次,连喷 2～3 次。

5. 缺钼症 黄州萝卜缺钼的症状是从下部叶片出现黄化,依次扩展到嫩叶,老叶的叶脉黄化速度较快,新叶慢慢黄化,黄化部分逐渐扩大,叶缘向内翻卷成杯状。叶片瘦长,螺旋状扭曲。补救方法为叶面喷施 0.02%～0.05%钼酸铵溶液 2～3 次,每次每亩用钼酸铵溶液 50 千克。

6. 缺锌症 黄州萝卜缺锌时,可使新叶出现黄斑,小叶丛生,黄斑扩展全叶,顶芽不枯死。补救方法为每亩追施硫酸锌 1 千克,或喷施 0.1%～0.2%硫酸锌溶液 2～3 次,喷施时在溶液中加入 0.2%的熟石灰水,效果更好。

7. 缺铜症 黄州萝卜缺铜的表现是植株衰弱,叶柄软弱,柄细叶小,从老叶开始黄化枯死,叶色呈现水渍状。补救方法为叶面喷施 0.02%～0.04%硫酸铜溶液,每亩喷施硫酸铜溶液 50 千克。

8. 缺锰症 黄州萝卜缺锰时,植株易产生失绿症,叶脉变成淡绿色,部分黄化枯死,一般在施用石灰的土质中易发生缺锰症。补救方法为叶面喷施 0.05%～0.1%硫酸锰溶液,每亩喷施 50 千克左右,每周 1 次,连喷 2～3 次。

9. 缺镁症 黄州萝卜缺镁时,叶片主脉间明显失绿,有多种色彩斑点,但不易出现组织坏死症。补救方法为及时喷施 0.1%硫酸镁溶液,每亩喷施 30～50 千克。

10. 缺铁症 黄州萝卜缺铁易产生失绿症,顶芽和新叶黄、白化,最初叶片间部分失绿,仅在叶脉残留网状绿色,最后全部变黄,但不产生坏死的褐斑。补救方法为叶面喷施 0.2%～0.5%硫酸亚铁溶液,每隔 7～10 天喷 1 次,连喷 2～3 次,每亩喷施 50～75 千克。

（七）肉质根表面粗糙和白锈

萝卜表面粗糙主要发生在肉质根上,在不良生长条件下,尤其是生长期延长的情况下，叶片脱落后使叶痕增多，就会形成粗糙表面。白锈是指萝卜肉质根表面，尤其是近丛生叶一端发生白色锈斑的现象。白锈是萝卜肉质根周皮层的脱落组织，这些组织一层一层地呈鳞片状脱落，因不含色素而成为白色锈斑。表面粗糙和白锈现象与萝卜的品种、播种期的关系较大。播种期早，发生重，晚则轻；生长期长则重，短则轻。生产上应适期播种，及时采收，以避免或减轻黄州萝卜表面粗糙和白锈现象。

三、主要虫害

（一）小菜蛾

小菜蛾属鳞翅目、菜蛾科，又称菜蛾、方块蛾、两头尖。全国各地均有。小菜蛾主要危害萝卜、甘蓝、花椰菜、油菜、青菜等十字花科蔬菜，是十字花科蔬菜上最普遍、最严重的害虫。初龄幼虫仅能取食叶肉，留下表皮，在叶片上形成透明的斑块，3～4 龄幼虫可将菜叶食成孔洞或缺刻，严重时全叶被吃成网状。幼虫常集中危害心叶，影响包心。在留种菜上，小菜蛾主要危害嫩茎、幼种荚和籽粒，影响结实。

1. 形态特征

(1) 成虫：灰褐色小蛾，体长 6～7 毫米，翅展 12～15 毫米，翅狭长，前翅后缘为黄白色三度曲折的波纹，两翅合拢时为 3 个连接的菱形斑。前翅缘毛长，翘起如鸡尾。

(2) 卵：扁平，椭圆状，黄绿色。

(3) 幼虫：老熟幼虫体长约 10 毫米，黄绿色，体节明显，两头尖细，腹部第 4～5 节膨大。

(4) 蛹：长 5～8 毫米，黄绿色至灰褐色，茧薄如网。

2. 发生特点 小菜蛾的发育适温为 20～30 ℃。高温干燥条件有利于小菜蛾发生。十字花科蔬菜种植面积大、复种指数高的地区小菜蛾发生严重。成虫昼伏夜出，白天仅在受惊扰时在株间进行短距离飞行。该虫对黑光灯及糖醋液有较强的趋性。日平均温度 18～25 ℃、空气相对湿度 70%～80%，适宜该虫生长发育。成虫喜欢在高大茂密的作物上产卵，所以肥水条件好、长势旺盛的蔬菜地受害也严重。幼虫活泼、动作敏捷，受惊时向后剧烈扭动、倒退或吐丝下落。

3. 综合防治

(1) 农业防治:避免十字花科蔬菜周年连作,以免虫源周而复始地发生。对菜田加强管理,及时防治,避免将虫源带入本田。蔬菜收获后,要及时处理残株落叶,及时翻耕土地,可消灭大量虫源。

(2) 生物防治:释放小菜蛾绒茧蜂、姬蜂。每亩放诱芯 7 个,把塑料膜的 4 个角绑在支架上并盛水,诱芯用铁丝固定在支架上弯向水面,距水面 1～2 厘米,塑料膜距离萝卜 10～20 厘米。诱芯每 30 天换 1 个。

(3) 物理防治:利用成虫趋光性,在其发生期,采用频振式杀虫灯或黑光灯,可诱杀大量小菜蛾,减少虫源。

(4) 化学防治:卵孵化盛期至 2 龄前喷药,每亩用 30 毫升 2.4%阿维·高氯微乳剂防治,或用 2.5%多杀霉素乳油 60～80 毫升,或 1.8%阿维菌素乳油 30～50 毫升兑水 20～50 升,或 4.5%高效氯氰菊酯乳油 15～30 毫升喷雾。

(二) 斜纹夜蛾

斜纹夜蛾属鳞翅目、夜蛾科,又称莲纹夜蛾、莲纹夜盗蛾,俗称乌头虫、夜盗蛾。它是一种食性很杂的暴食性害虫,危害多种蔬菜和作物。幼虫食叶、花蕾、花和果实,严重时可将全田作物吃光;在甘蓝、白菜上可蛀入其叶球、心叶,并排泄粪便,造成蔬菜污染和腐烂,使之失去商品价值。

1. 形态特征

(1) 成虫:成虫体长 14～20 毫米,翅展 35～40 毫米,体深褐色,胸部背面有白色丛毛,腹部侧面有暗黑色丛毛。前翅灰褐色,内、外横线呈灰白色波浪形,中间有 3 条白色斜纹,后翅白色。

(2) 卵:卵扁平半球形,初产时黄白色,后转淡绿色,孵化前紫黑色,外覆盖灰黄色绒毛。

(3) 幼虫:老熟幼虫体长 35～50 毫米。幼虫共分 6 龄。头部黑褐色,胸腹部的颜色变化大,如土黄色、青黄色、灰褐色等,从中胸至第九腹节背面各有1对半月形或三角形黑斑。

(4) 蛹：蛹长15～30毫米，红褐色，尾部末端有1对短棘。

2. 发生特点 每年发生5～6代。斜纹夜蛾是一种喜温性害虫，发育适温为28～30 ℃，危害严重时期为6—9月，多在7—8月大发生。成虫昼伏夜出，以晚上8—12时活动最盛，有趋光性，对糖、酒、醋液及发酵物质有趋性。卵多产在植株中部叶片背面的叶脉分叉处，雌虫每次产卵3～5块，每块100多粒。大发生时幼虫有成群迁移的习性，有假死性。高龄幼虫进入暴食期后，一般白天躲在阴暗处或土缝中，傍晚出来危害。老熟幼虫在1～3毫米深表土内或枯枝败叶下化蛹。

3. 综合防治

(1) 农业防治：清除田间及地边杂草，灭卵及初孵幼虫。利用成虫卵成块、初孵幼虫群集危害的特点，结合田间管理进行人工摘卵，消灭集中危害的幼虫。

(2) 物理防治：用糖醋液或胡萝卜、豆饼等发酵液，加入少许红糖进行诱杀。利用成虫的趋光性、趋化性进行诱杀。采用黑光灯、频振式杀虫灯诱杀斜纹夜蛾。

(3) 化学防治：最佳防治期是卵孵化盛期至2龄幼虫始盛期。可用0.8%甲氨基阿维菌素苯甲酸盐乳油1500倍液进行防治。为了延缓斜纹夜蛾抗药性的产生，应注意交替使用不同农药，少用拟除虫菊酯类药剂；采用低容量喷雾，除了植株上要均匀施药以外，植株根际附近地面也要同时喷透，以防漏杀滚落地面的幼虫。

(三) 菜青虫

菜青虫即菜粉蝶幼虫。菜粉蝶属鳞翅目、粉蝶科，又称菜白蝶、白粉蝶。菜粉蝶在各地均有发生，为蔬菜上常见的重要害虫之一，可危害萝卜、油菜、甘蓝、花椰菜、白菜等十字花科植物。

1. 形态特征

(1) 成虫：成虫体长12～20毫米，灰黑色；翅展45～55毫米，白色，顶角灰黑色，雌性前翅有2个显著的黑色圆斑，雄性仅有1个显著的黑斑。

(2) 卵：卵瓶状，高约1毫米，宽约0.4毫米，表面具纵脊及网格，初产卵乳白色，后变橙黄色。

(3) 幼虫：幼虫体色青绿，背线淡黄色，腹面绿白色，体表密布小黑色毛瘤，沿气门线有黄色斑。幼虫共5龄。

(4) 蛹：蛹体长18～21毫米，纺锤形，中间膨大而有棱角状突起，蛹体呈绿色、棕褐色等。

2. 发生特点 菜青虫以食叶危害蔬菜。初龄幼虫在叶背啃食叶肉，残留表皮，呈小型凹斑。幼虫3龄以后将叶吃成孔洞或缺刻，严重时仅残留叶柄和叶脉；同时，排出大量虫粪，污染叶面和菜心，并引起腐烂，降低蔬菜的产量和质量。菜青虫发育的适温为20～25 ℃，适宜空气相对湿度为76%左右。

3. 综合防治

(1) 农业防治：在十字花科蔬菜收获后及时清除田间残株败叶并耕翻土地，消灭附着在上面的卵、幼虫和蛹。降低夏季虫口密度，减轻秋菜受害程度。

(2) 生物防治：菜粉蝶已知天敌有70种以上，如卵期有广赤眼蜂、幼虫期有菜粉蝶绒茧蜂、蛹期有蛹蝶金小蜂等。捕食性天敌有胡蜂、隐翅虫、猎蝽、黄蜂、步甲、草蛉、瓢虫、蜘蛛等。

(3) 化学防治：用2.5%鱼藤酮乳油600倍液，或0.65%茼蒿素水剂400～600倍液喷雾，喷施生物农药的时间应比化学药剂提前3天左右。也可选用20%氰戊菊酯乳油3000倍液，或18%阿维·烟碱水剂每亩50毫升，或1.8%阿维菌素乳油每亩30～50毫升，或10%联苯菊酯乳油3000倍液等喷雾防治。

（四）萝卜蚜

萝卜蚜属同翅目蚜科，全国广泛分布，又名菜蚜、菜缢管蚜，常与桃蚜混合发生，是世界性害虫。萝卜蚜是以食十字花科蔬菜为主的寡食性害虫，喜食叶面毛多而蜡质少的蔬菜，如萝卜、白菜等。

1. 形态特征 蚜虫均有有翅型和无翅型之分。

(1) 有翅胎生蚜：长卵形。长1.6～2.1毫米，宽1毫米。头、胸部黑色，腹部黄绿色至绿色，腹部第一节、第二节背面及腹管后有2条淡黑色横带（前者有时不明显），腹管前各节两侧有黑斑，身体上常被有稀少的白色蜡粉。额瘤不明显。翅透明，翅脉黑褐色。腹管暗绿色，较短，中、后部膨大，顶端收缩，约与触角第五节等长，为尾片的1.7倍，尾片圆锥形，灰黑色，两侧各有长毛4～6根。

(2) 无翅胎生蚜：卵圆形。长1.8毫米，宽1.3毫米。黄绿色至墨绿色。额瘤不明显。触角较体短，约为体长的2/3。胸部各节中央有一黑色横纹，并散生小黑点。腹管和尾片与有翅胎生蚜相似。

2. 发生特点 蚜虫对蔬菜的危害可分直接危害和间接危害。直接危害是蚜虫以成虫和若虫吸食寄主植物体内的汁液，造成叶片褪绿、变黄、萎蔫，甚至整株枯死。间接危害是其排泄物（蜜露）可诱发煤污病的发生，影响叶片的光合作用，轻则植株不能正常生长，重则植株死亡。此外，蚜虫又是多种病毒病的传播者，只要蚜虫吸食过感病植株，再移到无病植株上，短时间内无病植株即可染毒发病。

3. 综合防治 控制蚜虫危害一定要做好预防工作。因蚜虫繁殖能力强，蔓延迅速，所以必须及时防治，防止蚜虫传播病毒。为了直接防治蚜害，策略上应重点防治无翅胎生雌蚜，一般要求将其控制在点、片发生阶段。为了防蚜、防病，策略上要将蚜虫控制在毒源植物上，消灭在迁飞之前，即在产生有翅胎生蚜之前防治。可采取以下措施。

(1) 农业防治。

①清洁田园：结合积肥，清除杂草。黄州萝卜收获后及时处理残株败叶。结合中耕打落老叶、黄叶，并将其立即带出田间加以处理，这样可消灭大部分蚜虫。

②合理规划布局：大面积的黄州萝卜田应尽量选择远离十字花科蔬菜田、留种田，以及桃、李等果园，以减少蚜虫的迁入。

（2）物理防治。

利用蚜虫对银灰色有趋避作用的习性，采用银灰色反光塑料薄膜或银灰色防虫网避蚜，以免有翅胎生蚜迁入传毒。此外，还可结合银灰膜用黄板诱蚜，在田间插入刷有不干胶的黄板，可诱杀有翅胎生蚜，减少蚜虫危害。

（3）生物防治。

蚜虫的天敌很多，捕食性天敌有草蛉、七星瓢虫、蜘蛛、隐翅虫等，每天每只天敌可捕食 80～160 只蚜虫，以虫治虫，对蚜虫有一定的控制作用。平时应尽量少用广谱性杀虫剂，以保护天敌。也可用苏云金杆菌乳剂喷雾，以菌治虫。

（4）化学防治。

蚜虫繁殖快，蔓延迅速，所以必须及时防治。蚜虫体积小，多种农药对其都有防除效果。常选用 50％抗蚜威可湿性粉剂 2000 倍液，或 20％氰戊菊酯乳油 2000～3000 倍液，或 25％溴氰菊酯乳油 3000 倍液等药剂喷雾。因蚜虫多着生在心叶和叶背面，因此要全面喷到，而且在用药上尽量选择兼有触杀、内吸、熏蒸三重作用的农药。

（五）菜螟

菜螟又称萝卜螟、菜心野螟、甘蓝螟、白菜螟、吃心虫、钻心虫、剜心虫等，属鳞翅目、螟蛾科，是世界性害虫。发生比较严重。菜螟主要危害萝卜、大白菜、甘蓝等十字花科蔬菜。尤其是秋播萝卜受害最重，白菜、甘蓝次之。菜螟是一种钻蛀性害虫，可危害幼苗心叶，受害幼苗因生长点被破坏而停止生长或萎蔫死亡，从而造成缺苗断垄，以致减产。

1. 形态特征

（1）成虫：成虫为褐色至黄褐色的近小型蛾子。体长约 7 毫米，翅展 16～20 毫米；前翅有 3 条波浪状灰白色横纹和 1 个黑色肾形斑，斑外围有灰白色晕圈。

（2）幼虫：老熟幼虫体长约 12 毫米，黄白色至黄绿色，背上有 5 条灰褐色纵纹(背线、亚背线和气门上线),体节上还有毛瘤,中、后胸背上毛瘤单行横排各 12 个,腹末节毛瘤双行横排,前排 8 个,后排 2 个。

2. 发生特点 菜螟每年发生的世代数由南向北逐渐减少。主要以老熟幼虫在遮风向阳、干燥温暖的土里吐丝,缀合土粒和枯叶,结成丝囊在内越冬。也有少数菜螟以蛹越冬。菜螟的发生与环境条件有着密切的关系,一般较适宜于高温、低湿的环境条件。菜螟秋季能否造成猖獗危害,与这一时期的降水量、湿度和温度密切相关。武汉市农业科学院研究所资料显示,日平均温度在 24 ℃左右、空气相对湿度 67%时有利于菜螟发生。若温度在 20 ℃以下,空气相对湿度超过 75%,则幼虫可大量死亡。菜螟幼虫喜危害幼苗,据调查,3～5 叶期时着卵最多。因此,萝卜 3～5 片真叶期与菜螟幼虫盛发期相遇,此期受害最严重。此外,地势较高、土壤干燥、干旱季节灌溉不及时,都有利于菜螟的发生。

3. 综合防治

(1) 农业防治:深耕翻土、清洁田园,消灭部分越冬幼虫,减少虫源;合理安排茬口,尽量避免连作,以减少田间虫源;适当调节播种期,尽可能使 3～5 片真叶期与菜螟幼虫盛发期错开,在间苗、定苗时及时拔出虫苗;在干旱季节早晨和傍晚勤浇水,增大田间湿度,既可抑制害虫,又可促进菜苗生长,可收到一定的防治效果。

(2) 化学防治:此虫是钻蛀性害虫,喷药防治必须抓住幼虫孵化期和幼虫盛发期进行。可采用 40%氰戊菊酯乳油 6000 倍液,或 20%甲氰菊酯乳油、2.5%联苯菊酯乳油 3000 倍液,或 2.5%氯氟氰菊酯乳油 4000 倍液,或 20%氰戊·杀螟松乳油 2000～3000 倍液等,每隔 7 天喷 1 次,连续喷 2～3 次,效果较好。

(六) 黄曲条跳甲

黄曲条跳甲属鞘翅目、叶甲科,又称菜蚤子、黄曲条菜跳甲、黄条跳甲、地蹦子,是世界性害虫,也是萝卜的主要害虫。成虫、幼虫均可危害。成虫常群集在叶背取食，被害叶面布满稠密的椭圆形小孔洞，并可形成不规则的裂孔，尤以幼苗受害最重；刚出土的幼苗，子叶被吃后整株死亡，造成缺苗断垄。在留种地，该虫主要危害花蕾和嫩荚。幼虫在土中危害根部，咬食主根皮层，形成不规则的条状疤痕，也可咬断须根，使作物地上部分萎蔫而死。萝卜受害后形成许多黑色蛀斑，最后变黑腐烂。

1. 形态特征

（1）成虫：成虫体长1.8～2.4毫米，为黑色小甲虫，鞘翅上各有1条黄色纵斑。后足腿节膨大，善跳跃，胫节和跗节黄褐色。

（2）幼虫：老熟幼虫体长约4毫米，长圆筒形，黄白色。

（3）卵：卵长约0.3毫米，椭圆形，淡黄色，半透明。

（4）蛹：蛹长约2毫米，椭圆形，乳白色。

2. 发生特点　成虫有趋光性，对黑光灯敏感，成虫寿命长，产卵期达30～45天，发生不整齐，世代重叠。卵散产于植株周围湿润的土壤间隙中或细根上。每只雌虫平均产卵200粒，卵孵化需要较高的湿度。南方7～8代，均以春、秋两季发生严重，且秋季重于春季，湿度高的田块高于湿度低的田块，盛夏高温季节发生数量较少，对作物危害较轻。

3. 综合防治

（1）农业防治：清洁田园，消灭害虫越冬场所和食料基地，控制害虫越冬基数，压低越冬虫量；播种前深耕晒土，创造不利于幼虫生活的环境条件，并兼有灭蛹作用。

（2）物理防治：黄板对黄曲条跳甲有较好的诱杀效果。一般每亩使用25厘米×30厘米的黄板20～25张，以黄板底部低于菜叶顶部5厘米或与菜叶顶部平行时的诱杀效果较好。

（3）化学防治。

①幼虫防治：幼虫防治一般采用土壤处理，即在耕翻播种时，每亩均匀撒施5%辛硫磷颗粒剂2～3千克以灭杀幼虫，但应注意掌握其安全间隔期。

②成虫防治：黄曲条跳甲成虫善跳跃，遇惊吓即跳走，多在叶背、根部土壤等处栖息，取食一般在早晨和傍晚，阴雨天不太活动。因此，在施药过程

中，一是四周先喷，包围圈式杀虫，防止成虫逃窜，喷药时动作宜轻，勿惊扰成虫。二是要适时喷药，温度较高时成虫大多数潜回土中，一般可在上午7—8时或下午5—6时（尤以下午为好）施药，此时成虫出土后活跃性差，药效好。萝卜出苗20～30天，可喷药杀灭成虫，可选用2.2%甲氨基阿维菌素苯甲酸盐微乳剂1000～1200倍液，或50%辛硫磷乳油1000倍液，或40%啶虫脒水分散粒剂800～1000倍液均匀喷雾，进行围歼防治。每隔7～10天喷1次，注意交替用药和药剂的安全间隔期。

（七）蛴螬

蛴螬俗称白地蚕、白土蚕、地狗子等，是金龟子幼虫的别称，属鞘翅目、金龟总科。各地普遍发生。蛴螬主要取食植物的地下部分，尤其喜食柔嫩多汁的各种蔬菜苗根，可咬断幼苗的根、茎，使蔬菜幼苗致死，造成缺苗断垄。近年来，由于禁用有机氯农药等原因，蛴螬在地下害虫危害中已上升为首位，发生普遍，虫口密度也很大。

1. 形态特征 蛴螬体肥大，体形弯曲呈“C”形，多为白色，少数为黄白色。头部褐色，上颚显著，腹部肿胀。体壁较柔软多皱，体表疏生细毛。头大而圆，多为黄褐色，生有左右对称的刚毛，刚毛数量的多少常为分种的特征。

2. 发生特点 成虫交尾后10～15天产卵，卵产在松软湿润的土壤内，每只雌虫可产卵100粒左右。蛴螬年生代数因种、地而异。这是一类生活史较长的昆虫，一般1年发生1代，或2～3年发生1代，长者5～6年发生1代。如大黑鳃金龟2年发生1代，暗黑鳃金龟、铜绿丽金龟1年发生1代，小云斑鳃金龟在青海省4年发生1代，大栗鳃金龟在四川甘孜地区则需5～6年发生1代。蛴螬共3龄，1、2龄龄期较短，3龄龄期最长。

3. 综合防治

(1) 加强预测预报：由于蛴螬为土栖昆虫，生活于地下，具隐蔽性，并且主要在作物苗期猖獗发生，所以一旦发现植株受害，往往已错过防治最适时期。为此，必须加强预测预报工作。

（2）农业防治：深秋或初冬翻耕土地，可减轻翌年的危害；合理安排茬口，如前茬为豆类、花生、甘薯和玉米，常会引起蛴螬的严重发生；避免施用未腐熟的厩肥，合理施用化肥，碳酸氢铵、腐殖酸铵、氨化过磷酸钙等散发出的氨气对蛴螬有一定驱避作用；合理灌溉，蛴螬发育最适宜的土壤相对含水量为15%～20%，如持续过干或过湿，则使其卵不能孵化，幼虫致死。

（3）化学防治：选用50%辛硫磷乳油1000倍液，或25%增效喹硫磷乳油1000倍液喷洒或灌根。

（八）地蛆

地蛆是花蝇类的幼虫，别名根蛆。危害萝卜的地蛆有萝卜蝇和小萝卜蝇两种，属双翅目、花蝇科。萝卜蝇和小萝卜蝇仅危害十字花科蔬菜，以白菜和萝卜受害较重。在萝卜上幼虫不但危害表皮，造成许多弯曲通道，还能蛀入萝卜内部造成孔洞，并致其腐烂，失去食用价值。小萝卜蝇多由叶柄基部向菜心部钻入并向根部啃食，根、茎相接处受害更重。小萝卜蝇从春天开始危害蔬菜，秋季常与萝卜蝇混合发生。但小萝卜蝇只发生在局部地区，数量不多，危害也不重。

1. 形态特征　各种地蛆的成虫均为小型蝇类，其形态很相似，但与家蝇的区别明显。身体比家蝇小而瘦，体长6～7毫米，翅暗黄色。静止时，两翅在背面叠起后盖住腹部末端。以种蝇为例：成虫的雌、雄之间除生殖器官不同外，头部有明显区别，雄蝇两复眼之间距离很近，雌蝇两复眼之间距离很宽。卵乳白色，长椭圆形。蛹是围蛹，红褐色或黄褐色，长5～6毫米，尾部有7对小突起。幼虫小蛆的尾部是钝圆的，与蚕幼虫相似，呈乳白色。

2. 发生特点　萝卜蝇为1年发生1代，小萝卜蝇为1年发生3代。

3. 综合防治

（1）农业防治：有机肥要充分腐熟，施肥时要做到均匀深施，种子和肥料要隔开。也可在粪肥上覆盖一层毒土，或粪肥中拌一定量的药剂。此外，秋季翻地也可杀死部分越冬蛹。

（2）化学防治。

①防治成虫：在成虫发生初期开始喷药，用50%辛硫磷乳油1000倍液，或2.5%溴氰菊酯乳油3000倍液喷雾，每隔7～8天喷1次，连喷2次。药要喷在植株基部及周围表土上。

②防治幼虫：已发生地蛆危害的田地，可用药剂灌根。灌根的方法是向植株根部周围灌药，可将50%辛硫磷乳油500倍液装在喷壶(除去喷头)或喷雾器(除去喷头片)中灌根。

（九）小地老虎

小地老虎属鳞翅目、夜蛾科，又称土蚕、地蚕、黑土蚕、黑地蚕。小地老虎属世界性害虫，也是萝卜的主要害虫之一，国内各地皆有不同程度的发生，是一种迁飞性、暴食性害虫，危害以幼苗为主。刚孵化的幼虫常常群集在幼苗的心叶或叶背上取食，把叶片咬成小缺刻或网孔状。幼虫3龄后把幼苗近地面的茎部咬断，致使整株死亡，造成缺苗断垄，严重时甚至毁种。

1. 形态特征

（1）成虫：成虫体长16～23毫米，翅展42～54毫米，体暗褐色。前翅内、外横线均为双线黑色，呈波浪形，前翅中室附近有1个肾形斑和1个环形斑。后翅灰白色，腹部黑色。

（2）幼虫：老熟幼虫体长42～47毫米，体背粗糙，布满龟裂状皱纹和黑色微小颗粒。幼虫共6龄。

（3）蛹：蛹长18～23毫米，赤褐色，有光泽，第5～7腹节背面的刻点比侧面的刻点大，臀棘为1对短刺。

2. 发生特点 年发生代数由北至南不等。成虫夜间活动、交尾产卵，卵产在5厘米以下矮小杂草上。成虫对黑光灯及糖醋液等趋性较强。老熟幼虫有假死习性，受惊缩成环形。小地老虎喜温暖及潮湿的条件，发育适温为13～25 ℃，河流、湖泊地区或低洼内涝、雨水充足及常年灌溉地区，均适合小地老虎的发生。尤其在早春菜田及周围杂草多的地块，发生严重。

3. 综合防治

(1) 农业防治:清除周围杂草,并带到田外及时处理或沤肥,消灭部分卵或幼虫。

(2) 诱杀防治:利用黑光灯或糖醋液诱杀成虫;用毒饵或堆草、泡桐树叶诱杀幼虫。

(3) 药剂防治:地老虎1~3龄幼虫期抗药性差,且暴露在寄主植物或地面上,是药剂防治的最适时期。可选用2.5%溴氰菊酯乳油3000倍液,或10%氯氰菊酯乳油1500~3000倍液,或20%氰戊菊酯乳油3000倍液等防治。

(十) 菜蝽

菜蝽别名斑菜蝽、花菜蝽、姬菜蝽、萝卜赤条蝽等,属半翅目、蝽科,菜蝽的寄主是十字花科蔬菜,其中受害较重的是甘蓝、萝卜、芥菜、油菜。主要发生地在北方,但仍需要留意防控菜蝽发生。

菜蝽的成虫和若虫均以刺吸式口器吸食寄主植物的汁液,特别喜欢刺吸嫩芽、嫩茎、嫩叶、花蕾和幼荚。它们的唾液对植物组织有破坏作用,并阻碍糖类的代谢和同化作用的正常进行,被刺处会留下黄白色至微黑色斑点。幼苗子叶期受害严重者会萎蔫干枯死亡;受害轻者,植株矮小。在抽薹开花期受害者,花蕾萎蔫脱落,不能结荚,或结荚籽粒不饱满,使菜籽减产。菜蝽身体内外还能携带十字花科细菌性软腐病的病原菌,从而引发软腐病。

1. 形态特征

(1) 成虫:成虫椭圆形,体长6~9毫米,体色橙红或橙黄,有黑色斑纹。头部黑色,侧缘上卷,橙色或橙红色。前胸背板上有6个大黑斑,排成两排,前排2个,后排4个。小盾片基部有1个三角形大黑斑,近端部两侧各有1个较小黑斑,小盾片橙红色部分呈“Y”形,交会处缢缩。翅革片具橙黄色或橙红色曲纹,在翅外缘形成2个黑斑;膜片黑色,具白边。足黄、黑相间。腹部腹面黄白色,具4纵列黑斑。

（2）卵：卵鼓形，初为白色，后变灰白色，孵化前灰黑色。

（3）若虫：若虫无翅，外形与成虫相似，虫体与翅均有黑色与橙红色斑纹。

2. 发生特点 华北地区每年发生 2 代，成虫在地下、土缝、落叶、枯草中越冬，3 月下旬开始活动，4 月下旬开始交尾产卵。早期产的卵在 6 月中下旬发育为第一代成虫，7 月下旬前后出现第二代成虫，大部分为越冬个体。5—9 月是成虫、若虫的主要危害时期。成虫多于夜间在叶背产卵，单层成块。若虫共 5 龄，高龄若虫适应性较强。

3. 综合防治

（1）农业防治：冬耕和清理菜地，可消灭部分越冬成虫。

（2）人工摘除卵块。

（3）化学防治：以防治成虫为上策，其次是防治若虫。可用增效氰戊・马拉松乳油 4000～6000 倍液，或 2.5％溴氰菊酯乳油 3000 倍液，或 50％氯氰・辛硫磷乳油 3000 倍液，或 20％氰戊菊酯乳油 4000 倍液等。

四、综合防治

综合防治是对有害生物进行科学管理，从农业生态系统总体出发，根据有害生物与环境之间的相互联系，充分发挥自然控制因素的作用，因地制宜协调应用必要的措施，将有害生物控制在经济允许水平之下，以获得最佳的经济、生态和社会效益。综合防治的特点：一是从生态全局和生态总体出发，以预防为主，强调利用对病虫的自然控制因素，达到控制病虫发生的目的。二是合理运用各种防治方法，使其相互协调，取长补短，它不是许多防治方法的机械拼凑和综合，而是在综合考虑各种因素的基础上，确定最佳防治方案。综合防治并不排斥化学防治，但应尽量避免杀伤天敌和污染环境。三是综合防治并非以“消灭”病虫为准则，而是把病虫控制在经济允许水平之下。四是综合防治并不是降低防治要求，而是把防治技术提高到安全、经济、简便、有效的高度。五是在治理策略上从重视外在干扰，发展到依靠系统内在的调控。六是治理目标从减少当季的病虫害损失，发展到长期持续控制病虫害，强调经济、生态和社会效益的协调统一，当前利益与长远利益的协调统一。综合防治措施坚持“预防为主，综合防治”的植保方针，以农业防治为基础，协调运用生物防治、物理及生化诱杀技术和科学用药等，逐步实现病虫害的可持续控制。

（一）农业措施

利用农业生产中的各种管理手段和栽培技术，通过对蔬菜作物生态系统的调整，创造有利于蔬菜生长发育和有益生物生存繁育而不利于病虫害发生的环境条件，从而避免或减轻病虫害。选用优良品种并对种子消毒。用温水浸种或采用药剂拌种和种衣剂包衣等种子处理手段，消除种子中携带的病原菌及虫卵,减少侵染源。选用配套的栽培技术,做到良种配良法,充分发挥品种抗性等综合性能,显著减轻病虫害的发生,从而有利于蔬菜的高产优质,这是防治病虫害经济有效的方法。目前,萝卜的抗霜霉病、病毒病、黑腐病品种已经得到广泛应用。改进栽培方式,合理轮作、间作、套种,加强管理,控制露地、温室、大棚等的生态条件,如改良土壤、深耕细作、合理密植、科学施肥、地膜覆盖、深沟高畦、微灌等措施都可减少病虫害的发生。

(二)物理和化学防治

1. 物理防治 物理防治即利用物理因子和机械作用减轻或避免有害生物对蔬菜作物的危害。物理因子包括温度、湿度、光照、放射性激光等。

(1) 设施防护:在保护设施的通风口或在门窗处罩上防虫网,夏季覆盖塑料薄膜、防虫网和遮阳网,可避雨、遮阴、防病虫侵入。

(2) 诱杀:利用害虫的趋避性进行防治。如黑光灯可诱杀多种害虫,频振式杀虫灯既可诱杀害虫又能保护天敌,悬挂黄色黏虫板或黄色机油板诱杀蚜虫、粉虱及斑潜蝇等,糖醋液诱杀夜蛾科害虫,地铺或覆盖银灰色膜或银灰色拉网、悬挂银灰色膜可趋避害虫等。

2. 化学防治 化学防治具有高效、快速、大面积防治等优点。为保障黄州萝卜优质、高产,化学防治无论是在现在还是在将来,在综合防治中都占有重要地位。蔬菜上常用的施药方法有喷雾法、喷粉法、撒施和沟施、穴施、种子处理、灌溉法、熏蒸法、毒饵法等。使用化学农药是防治蔬菜病虫害的有效手段,特别是病害流行、虫害暴发时,更是有效的防治措施。化学防治关键在于科学合理用药,正确选用药剂,既要防治病虫害,又要减少污染,把蔬菜中的农药残留量控制在允许的范围内。根据病虫害种类、农药性质,可采用不同的杀菌剂和杀虫剂来防治,做到对症下药。所有使用的农药都必须经过农业农村部农药鉴定机构登记,不要使用未取得登记和没有生产许可证的农药,特别是无厂名、无药名、无说明的伪劣农药。禁止使用高毒农药、高残留农药,应选用无毒、无残留或低毒、低残留的农药。

（三）生物防治

生物防治就是利用天敌生物、昆虫致病菌、农用抗生素及其他生物制剂等控制蔬菜病虫害的发生，减轻或避免病虫害的危害。生物防治可直接取代部分化学农药的应用，减少化学农药的用量。生物防治不污染蔬菜和环境，有利于保持生态平衡和绿色食品产业的发展。

1. 以虫治虫 如用赤眼蜂防治菜青虫、小菜蛾、斜纹夜蛾、菜螟等鳞翅目害虫；草蛉可捕食蚜虫、粉虱、叶螨等多种鳞翅目害虫卵和初孵幼虫；丽蚜小蜂可防治白粉虱；捕食性蜘蛛可防治螨类；瓢虫、食蚜蝇也是捕食性天敌，可防治多种害虫。

2. 以菌治虫 如苏云金杆菌、白僵菌、绿僵菌可防治小菜蛾、菜青虫；用细菌农药苏云金杆菌制剂防治菜青虫、棉铃虫等鳞翅目害虫的幼虫；用苏云金杆菌制剂与病毒复配的复合生物农药威敌可防治菜青虫、小菜蛾，用量为每亩50克，防治效果达80%以上；座壳孢菌制剂防治温室白粉虱；昆虫病毒，如甜菜夜蛾核型多角体病毒可防治甜菜夜蛾；棉铃虫核型多角体病毒可防治棉铃虫和烟青虫；小菜蛾和菜青虫颗粒体病毒可分别防治小菜蛾和菜青虫；微孢子虫等原生动物也可杀虫。

3. 以抗生素治虫 10%浏阳霉素乳油对螨类的触杀作用较强，持效期7天，对天敌安全。可用1000倍液在叶螨发生初期开始喷药，每隔7天喷1次，连续喷2～3次，防治效果可达85%～90%。1.8%阿维菌素乳油对叶螨类、鳞翅目、双翅目幼虫有很好的防治效果，用1.8%阿维菌素乳油，每亩用5～10毫升，稀释6000倍，每隔15～20天喷1次，防治茄果类叶螨的效果在95%以上；每亩用15～20毫升，防治美洲斑潜蝇初孵幼虫，防治效果达90%以上，持效期10天以上；同样用量稀释3000～4000倍，防治1～2龄小菜蛾及2龄菜青虫，防治效果也在90%以上。

4. 以抗生素治病 2%武夷菌素水剂150倍液可防治瓜类白粉病、番茄叶霉病、黄瓜黑星病、韭菜灰霉病，病害初发时喷药，间隔5～7天喷1次，连续喷2～3次，有较好的防治效果。2%嘧啶核苷类抗生素水剂150倍液灌根可防治黄瓜、西瓜枯萎病，每株灌药250克，初发病期开始灌药，间隔7天，连灌2次，防治效果达70%以上；用150倍液喷雾防治瓜类白粉病、炭疽病，番茄早疫病、晚疫病，叶菜类灰霉病，也有较好的防治效果。用72%农用硫酸链霉素、90%新植霉素可溶性粉剂4000～5000倍液喷雾防治黄瓜、甜椒、辣椒、番茄、十字花科蔬菜细菌性病害，效果很好。

（四）黄州萝卜生产禁用农药

采用化学农药防治蔬菜病虫害会使蔬菜残留一定量的农药。当这些残留农药超过一定量时则有害于人体健康，甚至使人体中毒身亡。因此，联合国粮食及农业组织和世界卫生组织，以及许多国家都制定了各种农药在不同蔬菜上的允许残留量。

黄州萝卜安全生产中要求以农业防治和生态学防治减少病虫害，少用农药或不用农药，严禁使用剧毒、高毒、高残留或三致（致癌、致畸、致突变）农药。使用化学农药时，应执行《蔬菜病虫害安全防治技术规范　第8部分：根菜类》（GB/T 23416.8—2009）相关标准要求，并注意合理混用、轮换、交替用药，防止或推迟病原菌和害虫抗药性的产生和发展。

第五章 黄州萝卜制种技术

以前，黄州萝卜一直是农民自繁自种。制种没有进行严格选择，科研单位也没有注重单株提纯复壮和保纯等选育工作，致使黄州萝卜种子混杂和退化严重，加之农民种植方式粗放，导致黄州萝卜品质下降。主要表现为产量下降，失去了原来的甜脆感味道，原品种的典型性状几乎找不到。

20世纪80年代以后，为恢复黄州萝卜地方名优品牌，提高黄州萝卜的品质和抗病能力，黄冈市成立了黄州萝卜选育攻关课题组，负责黄州萝卜品种资源的征集、提纯复壮及良种保纯，成功提纯复壮了品质优良、抗病高产的黄州萝卜，满足了当地种植需要。

一、黄州萝卜品种退化与提纯复壮

（一）品种退化的原因

黄州萝卜属异花授粉作物，变种及品种采种期间隔离不当极易发生天然杂交，而导致变异。黄州萝卜栽培历史悠久，在长期的良种繁育过程中，难免发生天然杂交。由于生产体制不健全，缺乏系统的提纯复壮工作，黄州萝卜发生了不同程度的混杂退化，影响了种性的发挥和繁育推广；再加上部分农户科学意识淡薄，使用种子多是自繁自用，经多年栽培后，造成了黄州萝卜品种种质退化、品质下降、生活力减弱、抗性能力消失等。品种退化的原因有以下几种。

1. 发育变异　不同世代的种子生产在不同环境条件下进行，由于土壤肥力、气候、光周期等条件不同，不同的世代间便会产生发育学上的差异而造成品种退化。

2. 机械混杂　在黄州萝卜种子收获、脱粒、晾晒、加工、包装、储藏、运输等过程中，混入其他萝卜品种的种子，这是引起品种退化的重要原因，并且还会进一步引起生物学混杂。要防止机械混杂，必须科学地安排种子生产地，加强种子生产全过程的管理，并在种子加工过程中严格遵守操作规程。

3. 生物学混杂　黄州萝卜为异花授粉作物，繁殖的过程中由于没有对其他萝卜品种或近缘种类的花粉进行严格隔离，在后代中可出现一些杂合个体，这些杂合个体又导致此后世代的分离和重组，使原黄州萝卜品种群体的遗传结构发生很大的改变，造成与其他萝卜品种的生物学混杂。防止此类混杂的主要措施是在黄州萝卜种子生产的过程中实行严格隔离。

4. 自然突变　在黄州萝卜品种繁育过程中，由于自然界各种理化因素的综合影响，萝卜品种会发生或多或少的自然突变。尽管对表现型影响大的突变发生的概率不高，但微小变异的频率却相当高，当微小变异积累到足以引起基因分离和重组时，便会加快品种的退化，以致丧失原品种的典型性。

5. 品种本身的遗传性变化　黄州萝卜是异花授粉作物，其群体的基因型组成不可能是统一的，总存在一些微小的遗传变异。在以后黄州萝卜种子生产中，这些变异有可能经选择而得以消除，也可能不被消除而积累和发展，从而影响品种的遗传纯度，引起黄州萝卜品种的混杂和退化。

6. 病虫害的选择性影响　一个品种常常对育种计划以外的病虫害或某一病虫害的新生理小种不具抗性，在病虫害的影响下会失去其原有的优良特性，表现出明显的退化。在黄州萝卜种子生产中要尽量获得不带病的种子，为此要加强对各种病虫害的监测和鉴定工作，尽可能在无病虫害的条件下进行黄州萝卜种子生产。

7. 不良的育种及采、留种技术　在黄州萝卜种子生产过程中，若未进行严格的选择和淘汰混杂劣变的植株，结果必然导致品种退化；或虽进行了选择，但选择方法不佳或标准不当，如过于重视黄州萝卜肉质根的大小而忽视了性状的典型性和一致性，或忽视了对原种育性的监测与鉴定，或连年用小株种子繁殖，或以病株留种，或留种植株过少而导致遗传变异等，都有可能导致不同程度的品种退化。此外，在不适宜的自然条件下留种或种子生产中栽培技术不当，均会导致品种退化。

（二）品种纯度的保持

1. 严格控制种子来源　控制种子来源的根本方法在于严格实现种子分级繁殖制度。同时，严格隔离对于黄州萝卜这类异花授粉作物是较为有效的，在种株或采种地区采用严格的隔离措施是防止生物学混杂的重要途径。隔离方法通常有机械隔离、花期隔离和空间隔离。

机械隔离是在植株开花前，用纸袋遮套花序，或直接将待繁殖的植株种在网罩、网棚、网室及塑料大棚内进行隔离采种。这种方法主要应用于少量原原种的繁殖或原始材料的保存。由于隔离物对植株的生长有一定的影响，采用机械隔离方法会导致结实率降低。因此,应在棚内进行人工辅助授粉或放入蜜蜂等昆虫辅助授粉,在开花授粉结束后及时去袋。

花期隔离即采取分期播种、分期定植、春化或光照处理、摘心、整枝等措施,使不同品种的花期前后错开而达到隔离的目的。这种方法比较省工,成本低,采种量也较大,可用于生产用种的繁殖。

空间隔离是将不同品种的种子生产地人为地隔开一定的距离,以防止杂交。这种方法不需要任何机械隔离设施,也无须采取任何调节花期的措施,常常为大面积的良种繁殖所用。为了达到有效的隔离,必须有一定的隔离距离,在黄州萝卜的原种生产上隔离距离最好为 2000 米以上,生产用种的生产隔离距离至少要达到 1000 米。

2. 合理选择和留种 黄州萝卜种子生产田里,由于各种原因的混杂会有少量杂种存在,必须及时通过选择进行种株的去杂去劣,以保证繁殖品种的纯度。选择应连续、定向、逐代进行,最大限度地保持品种的典型性。在黄州萝卜原种生产中必须严格进行株选,生产用种的繁殖在去杂去劣的基础上进行筛选。田间选择应在品种特征特性易于鉴别的关键时期分阶段多次进行,以保证种株各生育阶段的特征特性能符合原品种的典型性。小株留种的播种材料必须是高纯度的原种,其繁殖获得的种子只能作生产用种,而原种种子只能由成株留种获得。在黄州萝卜原种生产中选留的种株应不少于 50 株,并避免来自同一亲系,以免群体内遗传基础贫乏,而导致生活力降低和适应性减弱。

3. 严格执行种子收获和加工 这是防止机械混杂的主要措施。一是留种田要尽可能采用轮作,以免发生前后作物间的天然混杂。二是在黄州萝卜种子收获和加工过程中要彻底对使用的容器、运输工具及加工用具等进行清洁,以清除残留的种子。三是种子堆放和晾晒时,不同的品种一定要分开较大的距离。四是在包装、储藏运输及种子处理时,一定要附上标签,注明品种的名称、产地及种子的等级、数量和纯度。

（三）种子的提纯复壮

黄州萝卜种子的提纯复壮是保持其种性、提高品质的基础。若不及时提纯复壮，或遇到病虫害，种子很可能就由青变白，种性退化而失去原品种标准性状。提纯复壮一般采用母系选择法。秋季黄州萝卜在收获时选择具有本品种特征特性的优良单株若干株作为种株，直接定植到制种田越冬，行距 90 厘米、株距 30 厘米。开花后在隔离条件下分株采种。秋季分株种植，建立母系圃，收获时进行比较观察，淘汰不良母系，将系内和系间整齐一致的优良母系的种株收在一起，定植到采种田，在隔离条件下采种。每个母系的种子混合留种，经秋季种植检验合格后方可用作原原种或原种。

1. 主要选种环节与选种标准　为了迅速获得黄州萝卜品种的抗病、优质、丰产标准品系，黄冈市农业科学院和黄冈师范学院等科研单位根据黄州萝卜特征和有关性状的分析，结合根形、叶形、花色等性状严格挑选进行提纯。对入选的每一个单株，进行隔离留种，形成株系。翌年秋季分别种植每一个株系，再按照性状，严格挑选单株继续进行单株隔离留种。如此经过 3、4 代选择，基本稳定了品系。斛筒型黄州萝卜一致性不好，生产上应用较少，主要作为种质资源保存利用。目前生产上主要推广的是斛斗型黄州萝卜。

2. 提纯复壮效果　经过多年提纯复壮研究，我们提纯了黄州萝卜斛斗型品系，进行了重点选育提纯，其优质、抗病、高产。斛斗型黄州萝卜肉质根为斛斗形，一般根长 15 厘米左右，横径 8 厘米左右，露出地面部分黄绿色，地下部分白色，脆甜可口，口感好。

经提纯复壮后的黄州萝卜具有肉质根，而且除具有优良的外观品质特征之外，还具有良好的内在品质特征。据化验测定：黄州萝卜肉质根中可溶性糖含量为 4.0%～4.4%，粗纤维含量为 0.7%左右，干物质含量为 8%左右，水分达 92%左右。

二、黄州萝卜的采种方法

（一）制种原则

在黄州萝卜制种过程中不断吸取经验、教训，总结出了制种管理方法。坚持黄州萝卜原原种、原种必须成株繁殖，大田制种必须采用半成株采种。坚持原种1年扩繁，连续使用3～5年，以保证种子的性状稳定和整齐度。坚持制种的规范化管理，严格去杂，保证留种植株大小、色泽整齐一致。

（二）采种方法

黄州萝卜采种方法分为大株、中株和小株采种法。大株采种法也称为成株采种法，中株采种法也称为半成株采种法。采取何种方式采种，取决于原种纯度和所选择基地的实际情况。

1. 成株采种法 成株采种法又称母株采种法，即秋季适期播种，冬季将种株选优去杂，种株生长前期，适当控制浇水，多次中耕，抽薹后和盛花期可进行追肥并浇水。此采种法种株经过严格的商品化选择，种子质量好而且可靠；缺点是成本太高，一般用于黄州萝卜的原原种繁殖。

2. 半成株采种法 半成株采种法又称中株采种法。半成株采种比成株采种晚播种10～20天，收获时，肉质根未充分肥大。半成株采种法由于播种期较晚，可避开前期高温多雨等不良因素的影响，植株病害少，肉质根耐储藏，具有较强的生活力，种子产量高，但由于肉质根未充分肥大，品质的特征特性未充分表现，不能对种株充分选择，容易混入不纯种株，从而引起品种混杂、种性退化，较适用于生产用种的繁殖。为了保证种子质量，不能连续采用半成株采种法，必须用成株采种法采收的种子作为半成株采种的原种。

3. 小株采种法　直接播种，无须进行选择。播种时间较宽，一般在当地霜冻来临前或土壤解冻后播种，具体时间为 11 月中下旬至翌年 3 月上中旬。此种方法操作简单，但由于未进行株选，实行多年后性状易退化，应结合其他采种方法进行繁种。其栽培方法如下。

①播种：一般采用开沟条播或穴播，行距 30～50 厘米，沟深 3～5 厘米，人工条播或机械条播，种子间距 3～5 厘米，太密苗期间苗费工，太稀容易缺苗。亩用种量 0.5～1.0 千克，播前沟内打足底水，待水分渗入土壤后播种，播后耙平。

②苗期管理：一般播种后 5～7 天出苗，间苗 2 次，真叶两叶一心时间苗，4 叶时定苗，苗距 20 厘米左右，间苗时注意去杂去劣，去掉明显不符合本品种特征的幼苗或弱苗，定苗后根据苗生长情况浇一次含 0.5%尿素的稀粪水，视天气情况灌 1～3 次水。注意防治跳甲、小菜蛾等害虫。

③整地施肥：播种前整地时施腐熟农家肥 4～5 吨，氮、磷、钾含量分别为 15%的复合肥 50 千克，硼砂 2～3 千克，过磷酸钙 30～50 千克，深耕耙平做畦，畦宽 1.5 米，畦长 20～30 米。采用小株采种法时，从播种到收获种子，对肥料的要求有所不同，主要有以下几点。

第一，根据有机肥的特性进行施肥。各类有机肥除直接还田的作物秸秆和绿肥外，一般需充分腐熟后方可施用，以降低碳氮比，杀死病原菌、寄生虫卵和杂草种子。堆肥等经过一定程度的腐熟，使绝大多数有机氮以稳定的形式存在，一般作基肥使用。秸秆肥料一般碳氮比较高，易与作物争夺速效氮，所以，在作物秸秆还田的同时，必须施用适量的高氮物质，加速腐熟施用时，还需在作物播种或移栽前及早翻压，草木灰是普通的钾肥，碱性强的土壤不宜多施草木灰。

第二，根据黄州萝卜生长规律进行施肥。黄州萝卜在幼苗期需氮较多，进入旺盛生长期则对磷、钾肥的需求量急增，氮的吸收量略减。黄州萝卜生长有两大重要的营养期，即营养临界期和营养最大效益期。营养临界期一般出现在生长初期，此时如果缺乏矿物质，以后就难以补救。营养最大效益期一般出现在生长中期，此时需肥量大，对肥料的利用率高。

第三，根据土壤特性及供肥能力进行合理施肥。例如，根据土壤的水分、透气性、酸碱反应、供肥保肥能力及微生物活动状况施肥。沙土地保水保肥能力差，要适当多施有机肥。总之，在黄州萝卜的生长过程中，需要有一个能长期供应各种养分、健康、肥沃的土壤。

第四，有机肥有效养分含量低，因此在肥料使用量上要充足，以保证黄州萝卜生长有足够的养分供给。否则，会由于缺肥，而造成生长迟缓，影响产量。生产中要本着"施足基肥，巧施追肥"的原则。有条件的也可使用有机复合肥。追肥分为土壤追肥和叶面施肥。土壤追肥主要是在黄州萝卜生长盛期结合浇水、培土等进行追施，主要施用生物有机肥及生物菌肥等。叶面施肥可在苗期、生长中后期选取生物有机叶面肥，每隔 7～10 天喷 1 次，连喷 2～3 次。针对有机肥前期有效养分释放缓慢的缺点，可利用有机蔬菜允许使用的某些微生物，如具有固氮、解磷、解钾作用的根瘤菌、芽孢杆菌、光合细菌等，通过这些有益菌的活动来加速养分释放和养分积累，促进黄州萝卜对养分的有效利用。

④田间管理：秋季水肥管理以霜前有 4～6 片叶，及黄州萝卜根过于膨大为标准，黄州萝卜苗太小时容易冻死，黄州萝卜根太大时根部容易冻坏。穴播刚出苗时留苗 2～3 株，真叶出现三叶一心时间苗 1 次，4～6 片真叶时定苗 1 株，间苗时一定要严格按本品种特征去弱留强，淘汰变异株。土壤上冻前锄地培土护根，然后浇足封冻水。春季 2 月上中旬天气转暖后及时浇返青水，中耕除草。2 月中下旬至 3 月中旬，植株进入抽薹现蕾期，每亩追施尿素 20 千克，花期少浇水、不施肥、不打药，防止落花和杀死蜜蜂。4 月底至 5 月初为种荚生长期，要保证肥水供应充足，叶面喷洒 0.2%磷酸二氢钾或 0.1%硼砂，或随灌水冲施硫酸钾（每亩 5 千克）。

⑤病虫害防治：蚜虫用吡虫啉、氧化乐果等，小菜蛾用锐劲特、菜喜等，菜青虫用氯氰菊酯；如雨水大、湿度高时可发生霜霉病，用百菌清、代森锌 500 倍液喷。

⑥收获与脱粒：一般 5 月底至 6 月初种荚变黄时收获，收获后放在田间晾干后堆垛或直接脱粒。

4. 留种制度　黄州萝卜的良种繁育多采用原种和生产用种的二级留种制度。原种的生产应选用经过提纯复壮的优质种子，采种方法采用成株采种法。生产用种的繁殖用原种进行，采种方法可用半成株采种法。

①单株选择法：根据选种目标选择单株并分别编号、分别储藏、分别隔离授粉、分别采收种子，各单株种子不得混合，以后每一单株后代分别播种一个小区，以原品种为对照，进行株系间比较，从中选出性状基本稳定、符合选种目标的株系留种。各株系间进行隔离，株系内混合授粉，混合采种，若自交一代性状还不稳定，不符合选种目标，则要在各株系内继续选择优良单株，单独授粉、单独采种，一直到符合选种目标、性状稳定为止。

②混合选择法：就是选择符合目标、性状相似的单株混合留种、混合储藏、混合授粉、混合采种。对选出的后代，与原品种及当地的主栽品种进行对比试验，选出符合选种目标、综合性状超过对照的后代，直接应用于生产，并且以后还可以继续进行多代混合选择。此方法属于表现型选择法，优良的显性基因性状得到了选择，某些不良的隐性基因性状较难通过选种而淘汰。生产中混合选择法应与单株选择法相结合，灵活应用。

（三）原种培育方法

1. 选择母株　母株来自原种繁殖田或从纯度较高、生长健壮的生产田中选择。根据所繁殖品种的特征特性选择母株，黄州萝卜主要选形正、根底部平整稍凹陷、大小均匀、表皮光滑、不空不裂的优良母株。同时还要注意叶片的典型性。以收获前株为主，选择株数的群体不要太小，以利于品种的种性稳定。

2. 采种圃　入选母株经冬储后栽植于采种圃。原种田与不同品种的隔离距离要达到2000米以上。选择50～100个典型性最强的优良母株栽于采种圃中心部位，然后栽植其余母株。角果变黄时从中心母株上采收种子作为原种秋播于原种培育圃，其余种子供良种田繁殖用。

3. 原种培育圃　原种培育圃主要是为了恢复和提高原品种的优良性

状。为了充分发挥种株的优良特性，需要有较大的营养面积和较高的管理技术。一般 9 月中下旬播种，11 月上旬选择标准株留母株，翌年春季在采种棚中混合栽植。

4. 原种比较试验 测定原种的纯度及增产效果。地块应肥力均匀，田间管理要求应一致，并与生产田水平相同。采用大区对比法，不设重复，以原种群体为对照，观察比较整齐度、抗病性和产量性状差异。达到要求后，进行原种繁殖。

（四）种株管理

黄州萝卜繁种阶段分为准备期，播种期，定植期，田间管理阶段，花期和收获期。

(1) 准备期：主要是选择适合黄州萝卜繁殖的基地，基地是繁种能否成功的关键。

①技术要点：繁种前要进行实地考察，包括当地土壤、气候等自然条件以及农民对繁种的积极性。选择视野开阔、气候适宜、无黄州萝卜自然留种习惯的平原或丘陵山区为繁种基地，要求基地周边 2000 米以内无其他萝卜繁种且农民对繁种积极性高。土壤以砂壤土为主，通透性较差的黏壤土和保水保肥较差的沙土不适宜繁种。

②问题：基地投入成本要控制在合理范围内。

③解决办法：一是调查当地同茬作物的产值，黄州萝卜繁种效益尽量控制在同茬作物产值的 2 倍左右；二是繁种人需对黄州萝卜繁种技术较熟练或有一定技术基础；三是做好基地外围安全管理工作。

④关键点：繁种人技术及相关管理工作最为关键。

(2) 播种期：播种一般分为育苗和直播。

①育苗主要技术如下。

一是选择排灌方便、有机质含量高、远离畜禽的地块作为苗床。按苗床与大田面积 1∶(5～6)的比例确定苗床面积。播种前每亩施腐熟农家肥

2000千克、复合肥50千克、尿素10千克。深翻耙碎后整平，做成畦，苗床宽1.5米，长10～20米。

二是采用开沟条播，行距15～20厘米，沟深3～5厘米，人工条播或机械条播，种子间距2～3厘米，太密苗期间苗费工，太稀容易缺苗。播种前沟内打足底水，待水分渗入土壤后播种，播种后耧平。

三是苗期管理。间苗时注意去杂去劣，去掉明显不符合本品种特征的幼苗或弱苗，定苗后根据苗生长情况浇一次含0.5%尿素的稀粪水，视天气情况灌1～3次水。注意防治跳甲、小菜蛾等害虫。一般苗龄40天便可定植到大田。

②直播主要技术如下。

一是播种密度，一般采用开沟条播或穴播，沟深2～3厘米，行距30～40厘米，亩用种量0.5～0.75千克，2片真叶定苗，早熟品种如短叶13号萝卜株距为10～15厘米，晚熟品种如南畔洲萝卜株距为15～20厘米，每亩密度以1.5万株左右为宜。

二是整地施肥，直播繁种一定要施足底肥，播种前整地时施腐熟农家肥4～5吨，氮、磷、钾含量分别为15%的复合肥50千克，硼砂2～3千克，过磷酸钙30～50千克，深耕耙平做畦，畦宽2米，畦长20～30米。

③问题：一是苗床面积不足。二是播种过密。三是技术落实难。

④采取措施：一是准备充足的苗床面积，一定宽打窄用，1亩地大田繁种最低要准备100平方米苗床。二是控制亩用种量，不管是直播还是育苗，苗床亩用种量一般在0.5～0.75千克之间，杂交种亲本少，要采用精播方式，如条播；常规种如采用直播方式繁种最好穴播或条播，亩用种量控制在0.5千克以下，太密间苗费工，太稀不能保证苗数。三是严格按技术操作规程执行，新基地开始运作时，一定要坚持按技术操作规程执行，农民一旦掌握技术后，就会按照此技术执行下去。千万不要半途而废，因为推广一项新技术总是有困难的。

⑤关键点：苗床面积要充足，亩用种量不能太多。

(3) 定植期：包括大田整地施肥和定植。

①主要技术：一是整地，选择前茬为芝麻、黄豆、花生等夏秋季作物收获

后的地块作种子生产田，每亩施有机肥 3000～4000 千克、三元复合肥 50 千克、磷肥 30～50 千克，深翻耙碎整平，按 2.5 米开厢成畦。二是定植，栽前根据黄州萝卜叶形、叶色和根形进行严格去杂，淘汰杂株、病株和弱苗，定植时切除黄州萝卜上部缨子，只留 30～40 厘米长的缨子。定植行距 30～50 厘米、株距 25～40 厘米，早熟品种适当密植，中晚熟品种适当稀些。挖窝栽植，每亩施入 20 千克硫酸钾和 30 千克磷肥作窝肥。定植以土不盖住黄州萝卜心叶、肉质根不露肩为标准，定植后及时浇足定根水。冬季温度长期在－5 ℃以下的地区要覆盖地膜，其他地区也可覆盖地膜，防止杂草生长和保温保湿。

②主要问题：一是各地施肥标准不一，有的施碳胺肥，有的施复合肥，有的施有机肥，目前没有一个统一的施肥标准。二是定植株行距不一。三是定植时间不统一。

③采取措施：一是施足基肥，繁种黄州萝卜对磷、钾肥需求较多，基肥多施腐熟农家肥 3000～4000 千克、含钾复合肥 50 千克、磷肥 30 千克、硼肥 1～2 千克。如无农家肥可施，也可用生物有机肥 200 千克或直接施三元复合肥 100 千克和磷肥 50 千克。二是定植标准，根据品种灵活掌握，大致株行距为 1.5 尺×1.5 尺（1 尺≈33.33 厘米）。三是科学制订定植时间，定植时间段为 11 月中旬至 12 月中旬，定植晚时一定要覆盖地膜保温，定植后要确保活棵。黄州萝卜定植时黄州萝卜肉质根不能太小，否则不易存活。定植时间不能太晚，否则进入霜冻期，黄州萝卜容易受冻死亡。

④关键点：定植前一定要严格选种，不栽杂苗；栽时黄州萝卜肉质根一定不能露肩，也不能盖住心叶；定植后一定要浇足定根水，不使黄州萝卜悬空。

（4）田间管理阶段：时间长，管理较复杂，主要是肥水和病虫害防治等。

①主要技术：以混交黄州萝卜繁种为例。

一是肥水管理。黄州萝卜从定植到收获时间较长，一般 5～7 个月，因此要加强整个生育期肥水管理。前期以氮肥为主，后期以磷、钾肥为主。从定植至抽薹前结合灌水每亩追施尿素 20～30 千克，分 2 次进行，一次在冬季前种株成活后 30 天左右，另一次在春季 3—4 月进行；种株抽薹后为生殖生长期，对磷、钾肥需求量较大，一般在抽薹开花前结合中耕除草，每亩施入磷酸二氢钾 10 千克、硫酸钾 10 千克、2％硼砂 2～3 千克。冬季前要根据种株长势合理灌水和追肥，防止种株因生长过旺入冬后发生冻害。种株开花结荚期要停止追肥并控制水分，防止种株贪青，影响成熟。冬季要注意冻害，遇干旱天气要灌一次水，增强保温。除此以外，还可加强叶面施肥，开花盛期叶面喷施0.5％硼砂可促进结荚，成荚期喷施 0.5％磷酸二氢钾可增加千粒重。

二是中耕除草。种株抽薹开花前一般结合追肥灌水中耕 2～3 次，第一次在定植后 30 天进行中耕松土，可以增加透气性，提高地温，促进种株生长；第二次在立春以后，结合施肥进行中耕；第三次在种株抽薹封行前进行，可除草、松土、护根，促进种株生长发育，防止种株后期倒伏。

三是病虫害防治。主要害虫有蚜虫、小菜蛾和菜青虫等。一般蚜虫害在冬季不太寒冷的地区容易发生，春季温度升高后为害更严重，因此冬季要重点防治蚜虫，杀死藏在种株叶腋中的蚜虫，春季要预防。小菜蛾和菜青虫视田间发生情况进行防治。蚜虫用吡虫啉、氧化乐果等，小菜蛾用锐劲特、菜喜等，菜青虫用氯氰菊酯。

主要病害有霜霉病和菌核病等。种荚成熟期如遇长期阴雨天，湿度过大，容易发生霜霉病和菌核病，影响种子灌浆成熟或造成种子颜色变差，严重时可使种株死亡。可用百菌清 500 倍液喷施。

②问题：一是管理不到位，对繁种不够重视。二是抗旱防涝问题。三是病虫害防治。

③对策：一是定期检查，督促落实。相对农民种植的其他作物而言，黄州萝卜繁种毕竟是一个新生事物，农民对黄州萝卜的生长特性了解不多，种植管理熟练程度不够。因此，在整个黄州萝卜生长期，技术人员要定期检查，发现问题及时解决，同时要督促农民按技术操作规程落实，并向农民详细讲解未落实规程而造成的后果。二是改善基地排灌条件，保持三沟配套，沟路畅通，同时要有灌溉设备。三是病虫害防治不能放松，特别是病害，主要是霜霉病，要做到预防为主，对症下药，切不要错过防治关键时期。霜霉病主要发生在雨水过多月份，多发生在结荚初期。

④关键点：肥水管理和病虫害防治。

(5) 花期：这一时期是确保黄州萝卜种子产量和质量的关键期。

①主要技术如下。

一是花期去杂保纯。去杂工作包括两个方面，一是环境去杂，黄州萝卜开花前或开花期间，技术人员要经常巡查，拔除方圆 1000 米内异品种萝卜(如繁种地为平原地带，则要确保方圆 2000 米内无异品种萝卜开花)，拔除时一定要斩草除根并集中掩埋。二是内部去杂，黄州萝卜定植后营养生长期和开花期，技术人员要逐块进行检查，拔除与本品种有明显区别的种株，如黄州萝卜植株异常或抽薹明显提前的种株要拔除。

二是蜜蜂授粉技术。黄州萝卜为异花授粉作物，需通过昆虫传粉，才能受精结实。花期蜜蜂授粉期间，每天饲喂本品种黄州萝卜花朵浸出的糖液，可提高产量 30%以上，方法是每天下午采集父母本花朵，浸泡于饱和糖水中 8 小时，于早晨用糖液饲喂蜜蜂。一般繁种地区如有人工饲养蜜蜂或有其他十字花科作物如油菜等，可提供充足的蜂源以保证黄州萝卜的授粉需要。如没有则需每亩放 1～2 箱蜜蜂。

②问题：花期去杂不及时，影响种子质量。

③措施：花期去杂一定要安排有管理经验的技术人员，要求视力好、认真负责、管理严格。开花前一定要与基地保持密切联系，随时掌握开花动态，一旦发现花开始开放，就要派技术人员入驻，每天组织技术人员进行去杂，坚决不漏掉一棵杂株。花期去杂一定要坚持到最后一棵黄州萝卜植株开花为止。

④关键点：严格除去杂株。

(6) 收获期：该时期是确保种子净度、色泽等质量的关键期。

①主要技术：黄州萝卜种荚变黄后便可收割，收割后千万不要立即上垛，待放在田间晾干水分后收回稻场堆放，防止堆放过程中种株水分过大而发热影响种子发芽率。黄州萝卜种株收割期如遇连阴雨，堆垛时要防止雨水进垛，以免种荚含水量过大而发芽。黄州萝卜种荚肥厚，较难脱粒，一般抢晴天晒干水分后立即碾压脱粒，注意碾压时种株一定要铺厚一些，并且勤翻动，及时收起种子，防止压碎或压裂，种荚变软后不要脱粒，因种荚未碾碎，种子含

在种荚内更难脱粒。也可用粉碎机将种荚粉碎，但要控制好粉碎机的转数，控制好刀片数和筛孔大小，防止打碎种子。

②问题：种株堆放不合理，造成种子颜色较差；种子脱粒方式不对，导致种子净度较差。

③措施：种株收获后不能直接堆垛，收割后放在田间晾晒几天方可堆放或者直接脱粒；种子脱粒时，要将场地清理干净，土粒、沙粒和其他种子不能进场，人工或机械脱粒时要观察种子破碎程度，随时调整。

④关键点：选择适合黄州萝卜种子脱粒的机械。

（五）混杂植株提纯技术

黄州萝卜是异花授粉作物，若为已混杂退化的植株，需采用多次混合选择法获得原种。

1. 整地 选择前茬为芝麻、黄豆、绿豆、花生等夏秋季作物收获后的地块作种子生产田，每亩施有机肥 3000～4000 千克、三元复合肥 50 千克、磷肥 30～50 千克，深翻耙碎整平，按 2 米开厢成畦。

2. 定植 栽前根据黄州萝卜叶形、叶色和根形进行严格去杂，淘汰杂株、病株和弱苗，定植时切除黄州萝卜上部缨子，只留 30～40 厘米长的缨子。定植行距 30～50 厘米、株距 25～40 厘米，早熟品种适当密植，中晚熟品种适当稀些。挖窝栽植，每亩施入 20 千克硫酸钾和 30 千克磷肥作窝肥。定植以土不盖住黄州萝卜心叶、肉质根不露肩为标准，定植后及时浇足定根水。

3. 肥水管理 黄州萝卜从定植到收获时间较长，一般 5～7 个月，因此要加强整个生育期肥水管理。前期以氮肥为主，后期以磷、钾肥为主。从定植至抽薹前结合灌水每亩追施尿素 20～30 千克，分 2 次进行，一次在冬季前种株成活后 30 天左右，另一次在春季 3—4 月进行；种株抽薹后为生殖生长期，对磷、钾肥需求量较大，一般在抽薹开花前每亩施入磷酸二氢钾 10 千克、硫酸钾 10 千克、2％硼砂 2～3 千克。冬季前要根据种株长势合理灌水和追肥，防止种株因生长过旺入冬后发生冻害。种株开花结荚期要停止追肥并控制水分，防止种株贪青，影响成熟。冬季要注意冻害，遇干旱天气要灌一次水，增强保温。除此以外，还可加强叶面施肥，开花盛期叶面喷施0.5%硼砂可促进结荚，成荚期喷施0.5%磷酸二氢钾可增加千粒重。

4. 中耕除草 种株抽薹开花前一般结合追肥灌水中耕2～3次，第一次在定植后30天进行中耕松土，可以增加透气性，提高地温，促进种株生长；第二次在立春以后，结合施肥进行中耕；第三次在种株抽薹封行前进行，可除草、松土、护根，促进种株生长发育，防止种株后期倒伏。

5. 病虫害防治 主要害虫有蚜虫、小菜蛾和菜青虫等。一般蚜虫害在冬季不太寒冷的地区容易发生，春季温度升高后为害更严重，因此冬季要重点防治蚜虫，杀死藏在种株叶腋中的蚜虫，春季要预防。小菜蛾和菜青虫视田间发生情况进行防治。蚜虫用吡虫啉、氧化乐果等，小菜蛾用锐劲特、菜喜等，菜青虫用氯氰菊酯。

主要病害有霜霉病和菌核病等。种荚成熟期如遇长期阴雨天，湿度过大，容易发生霜霉病和菌核病，影响种子灌浆成熟或造成种子颜色变差，严重时可使种株死亡。可用百菌清、代森锰锌500倍液喷施。

三、授粉制种技术

黄州萝卜为异花授粉作物,提纯复壮工作主要由人工授粉方式完成。人工授粉工作多借助工具进行,如毛笔、鸡毛掸等,授粉效果受到外界温度、使用工具、工人的操作熟练程度等因素影响,另外人工授粉劳动强度大,授粉不均匀,成本也较高,同时不同的授粉工具也可影响萝卜结荚的效果。壁蜂具有较耐低温、早春活动早、访花速度快、授粉效率高、无需人工饲喂等特点,属于个体采集活动昆虫,能够提高产种量。壁蜂授粉访花时,落在花朵雄蕊群上,腹毛刷通过腹部运动采集花粉,采粉采蜜同时进行。壁蜂对花朵的识别能力强,采用壁蜂授粉,效率远高于人工授粉。制种产量和纯度高于人工授粉,具有节省人工、制种率高、效果好的特点。此方法也可以用于其他萝卜资源的提纯复壮及自交留种等工作。

非人工授粉的条件下,黄州萝卜需通过昆虫传粉,才能受精结实。黄州萝卜的花是虫媒花,虫媒花植物依靠自身在自然界长期演变所形成的花的形状、颜色和气味,引诱各种传粉昆虫来为自己传粉,达到受精的目的。虫媒花也产生大量花粉和花蜜给传粉昆虫作为报偿。传粉昆虫来到虫媒花上活动的目的,是获取自身及后代生长发育所需的营养物质。因为,花粉含有丰富的蛋白质,花蜜有多种单糖及维生素和某些氨基酸,是传粉昆虫生长发育所必需的营养来源。不同的虫媒花和传粉昆虫的特点不同,常常表现于某些传粉昆虫对特定植物种类的巧妙适应,显示出植物和昆虫的互惠共生关系,以及各种形式的协同进化,从而使植物和昆虫都能维持种群的生存和繁衍。

(一)壁蜂研究利用情况

1987 年我国从日本引进角额壁蜂的蜂茧,并收集了美国、日本有关壁蜂研究的资料，开始在北方果区对该蜂的适应性、建立种群的可能性，以及该蜂的生物学及传粉效果进行了较为详细的研究。该蜂完全适合我国北方的生态环境，并能繁衍后代、建立种群。将引进的 1500 只蜂茧集中释放，一年内壁蜂对杏授粉后的花朵坐果率比自然授粉的提高 1.2～3.7 倍，对多种苹果授粉后的花朵坐果率比自然授粉的提高 0.5～1.4 倍。回收角额壁蜂的后代数 7809 头，为原释放数的 5.2 倍。另外还诱得当地两种野生壁蜂，经鉴定为凹唇壁蜂和紫壁蜂。当年诱集的凹唇壁蜂为 3347 只，紫壁蜂为 1705 只。中国农业科学院生物技术研究所壁蜂研究组在四川、西北农林科技大学昆虫研究所在陕西还诱集到叉壁蜂和壮壁蜂。1991—1993 年在国家自然科学基金资助下，从事昆虫分类等的研究人员，对北方诱集到的凹唇壁蜂和紫壁蜂进行了形态学、生物学、生态学及释放技术的系统研究。通过多年壁蜂授粉的试验研究工作，研究人员对各种壁蜂的主要形态特征、生物学特性及传粉作用有了一定的认识，不断改进壁蜂的释放技术，扩大了各种壁蜂的种群数量。

山东省是为果树授粉而最早引种壁蜂的省份，引种的单位和引种的数量也较多。最早利用壁蜂授粉的乡镇中有 30％～50％的果园采用壁蜂授粉，个别乡镇有 80％的果园采用壁蜂授粉。利用壁蜂授粉，需在黄州萝卜开花前向壁蜂生产者预订授粉壁蜂茧蛹，茧蛹在 2～5 ℃低温运输。收到壁蜂茧蛹后可放在冰箱冷藏环境中保存。

（二）壁蜂生物学特性

壁蜂属于蜜蜂总科切叶蜂科壁蜂属。各种壁蜂的共同特征包括：成蜂的前翅有 2 个亚缘室，第一亚缘室稍大于第二亚缘室；6 条腿的端部都具有爪垫；下颚须 4 节；胸部宽而短，雌性成蜂腹面具有多排排列整齐的腹毛，被称为腹毛刷，而雄性成蜂腹面没有腹毛刷，这种腹毛刷是各种壁蜂的采粉器官；成蜂体黑色，有些壁蜂种类具有蓝色光泽；雌性成蜂的触角粗而短，呈肘状，鞭节为 11 节；雄性成蜂的触角细而长，呈鞭状，鞭节为 12 节，唇基及颜面处有 1 束较长的灰白毛。

壁蜂卵为弯曲的长圆状，乳白色，呈半透明状。卵均产在花粉团的斜面上，卵的1/3埋入花粉团中，卵的2/3外露，每巢室中只有1个花粉团和1粒卵。壁蜂的幼虫从卵中孵出后，就以花粉团为食。老熟幼虫体粗肥，呈"C"形，体表为乳白色，呈半透明状。壁蜂的前蛹（又称为预蛹）为乳白色，头、胸较小，腹部肥大，呈弯曲的棒槌状。化蛹初期蛹的体色由乳白色变为黄白色，以后颜色逐渐加深为褐色至黑褐色。

1. 壁蜂生活史　壁蜂的生活史都是1年发生1代。卵、幼虫、蛹均在巢管内茧中生长发育。成蜂羽化时，尽管当时的气温完全适合成蜂出茧筑巢和访花营巢活动，但它们也不出茧，而是以滞育状态继续待在茧内度过秋季和冬季，属于典型的"绝对滞育"昆虫。它们1年中有300多天在巢管内生活。成蜂的滞育必须经过冬季长时间的低温作用和早春的长光照感应才能完全解除，使成蜂度过一个长时间的昏沉的睡眠阶段，之后只要室内储存蜂茧的温度或自然界的气温回升至12℃以上，在茧内睡眠的成蜂就会立即苏醒，破茧出巢，开始访花营巢和繁殖后代等一系列活动。如果自然界温度或者是人工控制下的温度仍处于12℃以下的低温，壁蜂的成蜂仍然以睡眠状态继续待在茧内，直到气温升高、果树开始开花，释放蜂茧后，成蜂才陆续破茧出巢活动。从成蜂完全解除滞育到释放蜂茧的这一阶段，成蜂为了躲避低温不良环境继续以睡眠状态待在茧内，这段时间称为壁蜂的"延续滞育期"。壁蜂从完全解除滞育转至延续滞育期大约在早春2月中下旬。由于各地区的气候不同，各种壁蜂的延续滞育期的时间也不一样。

雄蜂个体在自然界活动时间只有20～25天。雌蜂活动时间较长，它们活动时间的长短完全依赖于果树花期长短，栽植有多种果树的混栽果园，花期较长，雌蜂个体活动时间是35～40天；它们的群体活动时间是4月初至5月下旬；成蜂产卵时间是4月上旬，最后产卵及卵的孵化时间大约在6月上旬；幼虫的取食时间主要在4月下旬至6月下旬，各种壁蜂幼虫取食花粉团和结茧以后则转为前蛹。壁蜂早期产卵，由于气温低，卵的发育及幼虫取食速度较慢，一般5月上旬才有幼虫结茧，不管是5月上旬结茧还是6月下旬结茧，转为前蛹后，它们的前蛹期都很长；角额壁蜂是7月底至8月上旬化蛹,凹唇壁蜂是 8 月上中旬化蛹。

2. 壁蜂虫态时期及习性

(1) 以常见的角额壁蜂和凹唇壁蜂为例,介绍如下。

①角额壁蜂:从成蜂产卵开始至幼虫孵化出时为止的卵期,最长时间为 13 天,最短时间为 8 天,平均为 10 天,幼虫取食花粉团所需时间,最长的是 22 天,最短的是 19 天,平均为 20.2 天。幼虫取食花粉团后,先调转身体使头部朝巢管口方向休息 1~2 天,才开始吐丝和胶质物,结成 3 层较坚硬的长椭圆形茧壳。从吐丝开始至结茧完毕的工作时间为 2.3 天,幼虫结完茧之后,以前蛹状态在茧内至化蛹时所需时间为 60 天左右,于 7 月下旬至 8 月上旬化蛹,蛹期 19 天,于 8 月上旬和中旬羽化为成蜂。成蜂的滞育时间从当年的 8 月上中旬至翌年的 2 月下旬,所需时间为 190 天左右。成蜂出茧后在自然界活动时间为 35~40 天。

②凹唇壁蜂:卵期最长为 16 天,最短为 9 天,平均为 11.7 天。

幼虫取食花粉团的时间,最长的是 33 天,最短的是 14 天,平均为 22.3 天。幼虫取食花粉团后也要调转身体,使头朝巢管口方向休息 1~2 天,才开始吐丝和胶质物结茧。蜂茧从外观上看呈长圆形,这是由于外层丝膜较厚,将中层椭圆形的胶质硬壳全部覆盖。从吐丝开始至结完茧的工作时间为 2 天左右。前蛹在茧内至化蛹时,所需时间为 66.4 天,至 8 月上旬和中旬化蛹,蛹期平均为 19.2 天。于 8 月下旬至 9 月上旬羽化为成蜂,成蜂的滞育时间从当年的 8 月下旬或 9 月上旬至翌年 2 月下旬,大约是 180 天。成蜂在自然界活动时间大约为 40 天。

壁蜂在自然界活动时间的长短,主要取决于花期长短。花期较长,释放凹唇壁蜂和角额壁蜂授粉,雄蜂活动时间是 20~25 天,雌蜂活动时间为 35~40 天。谢花后,凹唇壁蜂和角额壁蜂因得不到蔷薇科果树的花粉、花蜜补充,则相继死亡,中断一切活动。

(2) 成蜂滞育。

壁蜂的幼虫期、预蛹期和蛹期都是在长日照下度过的,成蜂羽化时已由长日照转入短日照。在 8—9 月陆续羽化出的成蜂进入滞育状态,在茧内度过秋天和冬天，这时即使有最适宜壁蜂活动的温度，成蜂也不会破茧出巢活动。壁蜂的滞育已具有一定的遗传稳定性。

（3）破茧出巢。

壁蜂全部解除滞育后，只要气温回升至 12 ℃以上或室内储茧温度达到 12 ℃，成蜂就会苏醒和自动出茧。将壁蜂茧置于人工控制的低温条件下冷藏，可继续延长壁蜂的滞育时间。它可以控制成蜂出茧时间和出茧速度，使壁蜂的活动时间与花期完全吻合，使花朵充分授粉，达到提高结实率和增产的目的。壁蜂出茧活动过早，尚无花朵开放，没有花粉、花蜜可供壁蜂采集以补充自身的营养需要，更不能访花制作花粉团和产卵繁殖后代。壁蜂出茧活动过晚，盛花期已过，造成壁蜂活动与花期不遇，使壁蜂不能充分授粉，既达不到放蜂授粉的目的，壁蜂自身也不能在有限时间内访花营巢和繁殖后代。因此，控制壁蜂破茧出巢时间是利用壁蜂授粉的关键。壁蜂破茧出巢速度受以下几个因素影响。第一，天气因素。释放蜂茧期间寒流频繁，气温较低，释放蜂茧 13 天后成蜂才能出茧完毕。第二，储存温度。蜂茧放在 0～4 ℃条件下冷藏较为安全，特别是与放蜂前 10 天的储存温度有较大关系，这一期间储存温度为 0～4 ℃时释放蜂茧后需要 7～10 天出完，若将储存温度提高到 6～8 ℃，可使沉睡在茧内的越冬成蜂提前苏醒。释放蜂茧后，只要是晴天，气温在 12 ℃以上，就能加速成蜂出茧速度，成蜂能在 3～5 天出完。第三，日照因素。处于全部日照条件下的成蜂出茧率为 84%，处于部分日照条件下的成蜂出茧率为 74%，完全处于黑暗条件下的成蜂出茧率只有 68%。事实证明，日照时间长、日最高温度较高，成蜂日出茧率也相对较高。蜂茧处于黑暗条件下对成蜂出茧有推迟作用。第四，茧壳含水量。经过冬季储存，茧壳失水后变得较为坚硬，释放蜂茧后成蜂不易破茧飞出。

壁蜂早春破茧出巢，总是雄蜂先于雌蜂破茧出巢，除采食花粉、花蜜以补充自身营养外，还在巢箱及巢箱附近活动，等待雌蜂破茧出巢，以便及时与之交配。气候正常月份，释放蜂茧后的前 3 天主要是雄蜂破茧出巢，之后主要是雌蜂破茧出巢。

（4）营巢。

壁蜂属于独栖性昆虫，雌蜂早春破茧出巢经与雄蜂交配后，立即忙于在附近寻找巢穴营巢。田间设巢要求包括避风向阳，巢前开阔，朝向东南。壁蜂访花营巢活动主要在巢箱周围 60 米范围内。壁蜂有扩散营巢的习性。雌蜂寻找潮湿泥土，作为构筑巢室壁和封盖巢管口的材料，巢室壁营造好后，雌蜂开始访花，采集花粉和花蜜，制作花粉团，在巢室内储备蜂粮。蜂粮由花粉和花蜜混合而成，最初覆盖整个巢室壁，随着花粉团的不断扩大，其前端逐渐变窄呈斜面状，这样可使雌蜂靠近并把剩下的花粉堆积在原有的蜂粮上面。采集蜂粮的雌蜂，完成一次访花收集花粉、花蜜后回巢时，首先钻入巢管，将蜜囊中的花蜜吐到蜂粮的表面，然后，雌蜂退出巢管，转动身体，匍匐后退第二次进入巢管，通过后足迅速地刮动将体毛中的花粉直接存放在用花蜜润湿的蜂粮表面。当花粉团堆积到足够大时，雌蜂访花不再收集花粉，而是吸取大量的花蜜，将其覆盖到块状蜂粮表面，使整个蜂粮浸没在花蜜中，然后产卵。

据观察，每次采集花粉、花蜜所需时间为 6 分钟，访花数为 90 朵；制作 1 个花粉团需要采集 18 次花粉、花蜜，需要访花 1620 朵；1 天可制作 2.5 个花粉团，日访花数为 4050 朵。在人工管理条件下，由于人为保持巢箱附近有湿润泥土，壁蜂采挖泥土所用时间差异不大。释放角额壁蜂和凹唇壁蜂的蜂茧后，一般 6～8 天即有巢管封口出现。若灌水条件差，潮湿泥土少，壁蜂营巢取土时必须进行长距离飞行采土筑巢，巢管封口时间则需要 12 天以上，巢管封口日增长速度也相对减慢，壁蜂繁殖数也降低。

(5) 壁蜂访花。

壁蜂能够吸食萝卜、大白菜等十字花科植物的花，以其花粉、花蜜作为自身活动的营养。雌蜂早春出茧与雄蜂交配后，就忙着寻巢、定巢，然后采集湿润泥土带回巢管构筑巢室壁，接着采集花粉、花蜜制作花粉团并产卵繁殖后代，在有限的花期内完成它繁殖后代的任务。角额壁蜂的访花速度为每分钟访花 10～15 朵；凹唇壁蜂的访花速度为每分钟访花 10～16 朵；家养蜜蜂的访花速度为每分钟访花 4～8 朵。

雌蜂的采粉器官为腹部的腹毛，这种特殊的采粉器官面积大，排列整齐，布满腹部似毛状刷，称为腹毛刷。壁蜂在访花时均为顶采式，即雌蜂飞临花朵时，直接降落在花朵的雄蕊群上，头部弯曲伸向花朵雄蕊的一侧，用喙管插入花心基部吸取花蜜，同时腹部腹面紧贴雄蕊群，用中、后足蹬破花粉囊，使已成熟的花粉粒立即爆裂，通过腹部运动使腹毛刷迅速刮刷雄蕊，不断收集和携带厚厚的一层花粉，并且充分地用中、后足和腹部触及柱头，达到传粉的目的，然后飞到邻近花朵上进行另一次的花粉、花蜜采集。壁蜂的形态特征及访花行为，使壁蜂采粉器官上所收集的花粉很容易就传到另一花朵的雌蕊柱头上，使花朵得到充分授粉。成蜂授粉期间，在晴天出巢活动多，低温阴雨天或4级以上的大风时出巢活动少。一般成蜂飞行活动的温度是12～14 ℃。

3. 巢管的制作

①芦苇巢管的制作：首先选择适宜壁蜂营巢的芦苇，选取16～18厘米长的芦管，将芦管每50支捆成一捆备用。也可制作纸巢管或购买成品，保证有足够数量和符合标准的巢管，这样才能达到壁蜂授粉和繁蜂的目的。

②巢箱：可用硬纸箱改作，在纸箱外面必须包裹一层塑料薄膜以挡风雨，保护巢箱中的巢管不被雨水淋湿。为了促使壁蜂提早出巢、访花、营巢活动，设置安放巢箱时，应使巢管口朝向东南，这样巢管在早晨便可提早受到日光照射，能促使壁蜂提前出巢工作。

4. 释放壁蜂技术　为了保证有强盛的壁蜂种群为其授粉，应实行多次放蜂。发现壁蜂数量减少时应适时补充。释放壁蜂的主要目的是提高结荚率。释放壁蜂的数量，一般每亩放蜂量为700～1000只。根据黄州萝卜开花情况和放蜂时间安排，及时将蜂茧从冷藏设备中取出放入蜂巢中，并将壁蜂天敌叉唇寡毛土蜂及时剔出，减少其对壁蜂的危害。

（三）壁蜂授粉制种技术

(1) 设施准备工作：释放壁蜂茧后，田间管理的好坏将直接影响壁蜂的授粉效果和壁蜂的繁殖。

①挖坑：提供湿润的土壤，壁蜂在筑巢期间喜欢选择巢箱附近的水沟边

群聚，采集湿润土壤，带回巢管中构筑巢室壁和封堵管口。若巢箱附近没有这些环境条件，它们将进行长距离的飞行，寻找适宜采集湿土的环境，取回湿土后筑巢。这种长距离的飞行取土，将会减慢壁蜂的访花和营巢速度。为了在有限的开花期内缩短壁蜂取土的距离，加速其访花和营巢速度，可在巢箱附近挖小土坑，坑长 30 厘米、宽 20 厘米、深 15 厘米。在坑底垫一塑料薄膜，薄膜上覆盖一些黏土，人工灌水保持坑中土壤湿润，为壁蜂取土筑巢创造便利条件。坑面上用覆盖物掩盖一半，减少坑中水分的蒸发，壁蜂喜欢在此种坑的坑壁上钻孔取土筑巢。

②人工协助壁蜂破茧：在成蜂出茧期间，有的成蜂难以破茧壳出茧。为了使成蜂顺利出茧，可在释放壁蜂茧后，每天早晨逐个检查巢箱中成蜂出茧情况。将未出蜂的蜂茧在清水中浸泡一下，浸泡时间约 20 秒，待水滴干后再放回巢箱内。茧壳泡水后变软，有利于成蜂出茧。在释放蜂茧 5 天后，仍有一部分壁蜂不能自动破茧出来，这时应人工协助成蜂破茧出巢，否则成蜂将因无力破茧而在茧内逐渐死亡。这些晚出茧的成蜂，大多数是雌性成蜂，是授粉的主力军，因此在释放壁蜂茧后对未出蜂的蜂茧进行人工剖茧，可帮助成蜂顺利地出巢活动，提高壁蜂的利用率。人工破茧方法是先用小剪刀在茧突下面剪一小口，再用小镊子将茧盖揭掉，使成蜂顺利地出茧活动。但在正常破茧的时间内，勿对未出蜂的壁蜂茧采用这一措施，因人工破茧易使成蜂受伤，减弱其活动能力或使其死亡，同时人工触摸也容易使成蜂受惊而逃走。

③各种天敌危害：壁蜂易遭受各种天敌的危害，应加强防治，以减轻它们对壁蜂的危害。防止雨水淋湿巢箱，否则巢箱一旦被雨水淋湿，巢箱中的巢管受潮，易使巢管中的花粉团发生霉烂变质，壁蜂幼虫因食用变质的花粉而死亡，影响壁蜂的繁殖。在安放巢管捆时应注意下层巢管捆与巢箱底部保持 1～2 厘米的距离，以免积水浸湿巢管。

④安装隔离网：在黄州萝卜空间隔离要求不足时，可利用设施进行隔离。在黄州萝卜的初花期安装隔离网，隔离网网格密度为 60 目，大小可根据需求自行确定。将授粉黄州萝卜植株罩住，并保证纱网平整，防止接茬处褶皱，避免壁蜂钻入。接口和棱角封严，以免壁蜂从孔洞、缝隙钻出，造成壁蜂外逃。

一般在黄州萝卜初开花时或者根据天气等实际情况放入壁蜂。及时观察壁蜂有效授粉时间，黄州萝卜花期较长，发现壁蜂数量减少时应进行补充，以满足授粉制种需要。

⑤收回巢箱、巢管时的注意事项：适时收回巢管，若过早收回巢管，花粉团还处于松软状态，受到外界运输等一系列振时动，花粉团易变形，将卵粒或初孵幼虫埋入花粉团中，造成壁蜂幼虫不能从卵中正常孵出，初孵幼虫一旦被埋入花粉团中，就会因窒息而亡；若过晚收回巢管，使巢管长期处于自然环境条件下，蚂蚁和多种鳞翅目的蛾类害虫易进入没有封堵管口的巢管，取食花粉团和壁蜂卵。在收回巢管时这些害虫会随巢管被带入室内，它们便在巢管中产卵繁殖后代，长时间地危害壁蜂的卵、幼虫、蛹及成虫。在收回巢箱、巢管的整个过程中，都要注意轻收轻放，收回巢管的过程中应注意防止剧烈振动，避免巢管内花粉团变形，影响壁蜂正常生长发育以至死亡。

(2) 壁蜂的天敌：壁蜂的天敌主要有蜘蛛类及昆虫类。蚂蚁、蜘蛛种类较多，数量大，尤其以各种地面活动型的跳蜘蛛和结网型蜘蛛对壁蜂危害较大，须在释放前后加强对蜘蛛的药杀和人工捕捉。壁蜂卵的天敌主要为蚂蚁类。蚂蚁主要取食和搬走花粉团。在壁蜂营巢期入侵为害的天敌，除蚂蚁类外还有叉唇寡毛土蜂、蜂螨及夜间进入巢管取食花粉团的多种小型蛾类昆虫。成蛾取食后飞走，但有的成蛾卵产在壁蜂的巢室中，幼虫孵出后可取食花粉团和壁蜂幼虫。这些鳞翅目害虫在巢管内可连续繁殖几代，危害壁蜂幼虫、蛹和成蜂。

在这些天敌种类中，以叉唇寡毛土蜂最为重要。叉唇寡毛土蜂属土蜂总科，寡毛土蜂科，寡毛土蜂属。因为它从卵中孵出后就以结茧的壁蜂幼虫为食，最后在壁蜂结的茧中化蛹和羽化为成蜂。叉唇寡毛土蜂的茧与壁蜂的茧的特征难以识别，常常被人们当成壁蜂的茧使用，这将严重威胁壁蜂的生存和种群的扩大，极容易危害壁蜂的生存和繁殖。叉唇寡毛土蜂的成蜂形态特征、害茧症状及生活习性介绍如下。

雌性成蜂体长 10 毫米，黑色，具黄斑；触角鞭节内侧深红色，两触角窝上端之间有 1 个黄斑；唇基两侧、复眼凹陷处、颅顶两侧、前胸背板、中胸背板后端、中胸侧板、小盾片、后盾片、胸腹节两侧各有1个黄斑;足褐色,胫节和跗节深红色,腿节端缘内侧、胫节外表面有黄斑;腹部第二节背板中央及第三节至第五节背板基部为黄色,第六节背板大部分为黄色;腹板第二节与第五节两侧各有1个黄斑,第三节至第四节为黄色。体裸,毛短而稀,触角长达腹部第一节,复眼内缘深凹,唇基表面斜纵皱,端缘中央凹陷、齿状,中央三角形;前翅三个亚缘室,第一和第三亚缘室几乎等大,第二亚缘室最小,足细长。

雄性成蜂似雌性成蜂。不同于雌性成蜂的是,雄性成蜂触角第十二节膨大,末节较短,缢缩;唇基整个为黄色;腹背第二节至第五节基部为黄色,腹板第二节至第五节两侧有黄斑。

叉唇寡毛土蜂取食壁蜂幼虫后,就在原寄主的茧内化蛹和羽化为成虫。这种天敌寄生于寄主的时期不同,所表现的危害状态有所不同。第一种是寄生后的茧与正常的壁蜂茧的形状无区别,茧壳也有外丝膜、胶质硬壳及内胶质软膜。这是因为壁蜂老熟幼虫在取食花粉团和作茧后,开始转入预蛹期时受害所致,幼虫被害时流出大量体液,使外丝膜与胶质硬壳紧紧粘在一起,变成深赤褐色,无光泽,与正常壁蜂茧的色泽区别较大。第二种是寄生后的茧壳较薄,只有外丝膜和胶质硬壳,无内胶质软膜。这是因为壁蜂老熟幼虫在作茧过程中,只有外丝膜和胶质硬壳,还没有内胶质软膜时被害所致,形状和色泽与正常壁蜂茧没有明显区别,极易与正常壁蜂茧混合随壁蜂茧释放而传播。第三种是寄生后的茧只有一层丝膜,呈赤褐色,为壁蜂幼虫开始作茧时受害所致,过早危害壁蜂幼虫,使壁蜂幼虫夭折。

叉唇寡毛土蜂成蜂不营巢,在自然界取食一些花蜜作为自身活动的补充营养,雌雄交配后,雌蜂就在壁蜂巢箱前活动,专门寻找各种壁蜂已营巢好的花粉团,并在其上产下自己的1粒卵,然后又继续寻找壁蜂营巢好的花粉团产卵。这种天敌的幼虫,自己不作茧,取食壁蜂幼虫后就以寄主茧作为自己的化蛹场所,是一种典型的惰性昆虫。其生活周期几乎与寄主壁蜂的生活史同步。1年发生1代。其卵期较壁蜂卵期长,约相当于壁蜂卵期加幼虫取食期。其幼虫在8月中旬化蛹,9月上中旬羽化为成蜂,与壁蜂相同。从蛹羽化为成蜂后,也是以滞育状态在茧内安全度过秋天和冬天。一般早春放蜂后

5～7 天，壁蜂基本破茧出巢完毕，余下未破茧的除一部分为体弱的雌性壁蜂外，大部分茧就是叉唇寡毛土蜂。

(3) 壁蜂天敌的综合防治措施：为了消灭早春发生的各种害虫，在黄州萝卜开花前喷施杀虫剂防治虫害。在放蜂前 10 天左右喷 1 次杀虫剂和杀菌剂，此后放蜂期间，严禁使用任何对壁蜂有毒的农药。可采用色板诱杀、防虫网隔离等物理防治技术来防治虫害。施放壁蜂期间不得在放蜂区和上风口喷洒对壁蜂有毒的农药。设施内放置壁蜂时，采用无滴棚膜的同时应加强黄州萝卜大棚设施的通风换气工作，降低湿度，减少黄州萝卜虫害的发生。

①清除危害壁蜂茧的天敌：适时提前剥巢取茧，可以清除各种鳞翅目幼虫等害虫，是消灭天敌叉唇寡毛土蜂最有效的方法。对遭受蜂螨和粉螨危害的壁蜂茧，应单独存放，集中用清水冲洗掉茧壳上的各种蜂螨，并平放在吸水性强的纸上阴干，继续冷藏备用。依据叉唇寡毛土蜂寄生的 3 种危害茧的症状，认真清除混在壁蜂茧中的危害茧，集中销毁。释放壁蜂茧时，是消灭天敌叉唇寡毛土蜂最有效的时间。

②对蜘蛛类的防治：在释放壁蜂茧前 10 天喷 1 次杀虫剂，消灭各种蜘蛛，减少蜘蛛数量。放蜂后在成蜂活动期内，注意清除和消灭躲在巢箱及其附近土缝中的跳蜘蛛。这是保护壁蜂群体少受伤害的主要措施。

③对蚂蚁类的防治：对近土面的巢箱支架座基涂以机油，以阻止地面上活动的蚂蚁爬上巢箱为害壁蜂。为了防止机油失效，可每 3～5 天涂 1 次。

四、良种繁育与种子生产

（一）良种繁育

在黄州萝卜良种选育的过程中，根据种性保持的要求和生产的实际情况，制定黄州萝卜良种繁育技术操作规程。

1. 选地 宜选择地势平坦、排灌方便、耕层深厚、土壤结构疏松、理化性状好的地块。

2. 隔离要求 制种地块不可与十字花科作物连作，宜选择2年以上未种十字花科作物的地块。制种田应与其他十字花科作物间隔2000米以上，或用不低于60目的纱网隔离。

3. 种子要求 种子来源于黄州萝卜原种，质量应符合《瓜菜作物种子 第2部分：白菜类》(GB 16715.2—2010)的要求，净度大于98%、发芽率大于85%、纯度大于99%、水分含量小于7%。

4. 良种生产技术

①半成株采种法：播种时间以9月为宜，每亩播种量0.4～0.5千克，播种方式为直播。第一片真叶展开时进行第一次间苗，拔除细弱的幼苗、病苗、畸形苗、受病虫损害的苗及不具该品种特征的苗。

在出现2～3片真叶时进行第二次间苗，破肚期选留具有该品种特征的健壮苗，其余拔除。5～6片真叶时定苗，每亩定苗5000～5500株。

选择品种特征明显，植株生长强势，无病斑、裂根和损伤，大小一致的植株作为种株。切掉种株约3/4的上部茎叶，留5～10厘米长的黄州萝卜缨定植。

11月下旬至12月上旬定植。定植行距40～45厘米，株距25～30厘米。定植时肉质根顶部埋入土中，深2～3厘米，以免受冻。压紧土壤，使之与肉质根紧密接触而不留空隙。定植后及时浇水。

苗期每亩施用腐熟有机肥 1500～2000 千克、过磷酸钙 40 千克、硫酸钾复合肥 20～30 千克。

留种株每亩施腐熟农家肥或商品有机肥 200～300 千克、磷酸氢二铵 20 千克、硫酸钾肥 10～20 千克作基肥。开花结荚期应有充足的水分供应，生长后期控制水分。每隔 7 天喷施 0.2％硼肥或磷酸二氢钾，促进种子结荚。

黄州萝卜开花期顺畦间隔 5 米插一根竹竿，在株高 70～80 厘米处围第一道绳，随着黄州萝卜后期株高的增加，在距离第一道绳上方 40 厘米处围第二道绳，固定茎秆，防止植株倒伏，提高制种量。

纱网隔离的制种田，始花期开始应采用人工放蜂促进黄州萝卜授粉，授粉蜂密度为每亩 700～1000 只。及时拔除病株、早薹及早花株、畸形株等不正常株。花期及时去除紫花及晚抽薹的植株。

病虫害防治原则应以农业防治、生物防治为主，合理使用药剂防治。加强苗期蚜虫、小菜蛾、菌核病等病虫害防治。放蜂后不可再喷施农药，避免影响壁蜂授粉。用药应符合《蔬菜病虫害安全防治技术规范　第 8 部分：根菜类》(GB/T 23416.8—2009)的规定。

②小株采种法：9 月下旬至 10 月上旬播种为宜。每亩定苗 5500～6000 株，施肥量比半成株采种法增加 20％～30％，其他按半成株采种法执行。

5. 收割与脱粒　黄州萝卜种荚变黄后便可收割，收割后千万不要立即上垛，待放在田间晾干水分后收回稻场堆放，防止堆放过程中种株水分过大而发热影响种子发芽率。晾晒 3～6 天及时脱粒，收割期如遇连阴雨，堆垛时要防止雨水进垛，以免种荚含水量过大而发芽。黄州萝卜种荚肥厚，较难脱粒，一般抢晴天晒干水分后立即碾压脱粒，注意碾压时种株一定要铺厚一些，并且勤翻动，及时收起种子，防止压碎或压裂，种荚变软后不要脱粒。因种荚未碾碎，种子含在种荚内更难脱粒。也可用粉碎机将种荚粉碎，但要控制好粉碎机的转速，控制好刀片数和筛片筛孔大小，防止打碎种子。

种子保存温度控制在 15～20 ℃，相对湿度 50％～60％，防止发霉。种子加工前，对簸箕、漏斗、脱粒机等工具设备进行清理，清理过程不应引起种子的机械混杂，加工的操作过程应有详细的记录。按照农作物种子检验规程规定的种子检验要求执行。

（二）种子生产

提高黄州萝卜的整体品质，在加强黄州萝卜提纯复壮、优化种源的同时，还应加强推广黄州萝卜标准化、规模化种子生产技术规程。

1. 隔离区的安排 黄州萝卜制种田应选择有隔离条件的地方，以防止生物学混杂，一般自然隔离，原种 2000 米以上，良种 1000 米以上。因此，在安排黄州萝卜制种时必须保证在该范围内不安排黄州萝卜类作物留种。如无隔离条件，可采用保护地栽培、提前定植、套防虫网等方法隔离。

2. 定植前的准备 地块应选择肥沃、土层深厚的壤土或砂壤土，保水透气，水源充足，前茬作物以豆类、瓜类、玉米为好。制种田宜选择排水状况良好、灌溉设施齐全的地块，每亩施腐熟农家肥 5000 千克、三元复合肥 25 千克作基肥，精耕细耙。

3. 定植 一般在 12 月中下旬定植。定植前挑选无病的黄州萝卜种株，按行距 50 厘米、株距 30 厘米定植，定植后浇定根水。

4. 摘顶 在植株长到 20 厘米时，及时摘去植株主顶心，促进下部侧枝萌发。重摘心一般不会影响种子产量。

5. 开花前的田间管理 黄州萝卜种株成活后会长出新叶，移栽时留下的叶柄会自动脱落，要及时摘除，以免引起种株腐烂。结合松土对种株进行培土，以防肉质根外露发生冻害。发现病虫害时，应及时喷药防治，并及时中耕除草。每亩追施尿素 15～20 千克，以促进种株生长，提高抗寒能力。在开花前还应对整个留种群体进行 1～2 次筛选，淘汰不符合本品种特性的单株。

6. 花期田间及隔离区去杂 在黄州萝卜种株抽薹开花前后，要对田间及隔离区内的萝卜属开花植物进行严格检查，发现同类作物抽薹的，必须及时拔除。

7. 花期的田间管理 黄州萝卜种株开花后，温度逐渐升高，小菜蛾和蚜虫繁殖加快，须及时防治，应每隔 7～10 天喷 1 次农药，同时做好中耕保墒，若遇长时间春旱，则宜及时灌水。开花后任其自然授粉或人工放养壁蜂辅助授粉，当 75％左右有效花序开花授粉结束时，可撤走壁蜂，壁蜂授粉期间严禁喷施任何农药，以免伤害壁蜂影响授粉。还可采取人工辅助授粉，方法是将 2 根 1 米长、食指粗的竹竿用纱布包裹喷水，一般在上午 10 时至下午 3 时，在田间双手持竹竿，左右摆动花枝，既可驱赶花粉，又可利用纱布上粘的花粉提高授粉率。在盛花期，每隔 7 天喷施 1 次 0.25％硼肥溶液，可提高结实率；在末花期，每隔 7 天喷施 1 次 3 克/升的磷酸二氢钾溶液，可提高种子千粒重。

8. 谢花后的田间管理与收获　黄州萝卜种株谢花后应每隔 7～10 天喷 1 次药以防菌核病及蚜虫、小菜蛾，具体方法参见病虫害防治部分相关内容。遇连续干旱，需灌水 2～3 次。谢花 35～40 天后，种子已基本成熟，应在晴天及时收割。收割后先风干再脱粒。

五、种子加工与储藏

（一）种子加工

黄州萝卜种子成熟收获后，需对种子进行处理和加工，其程序主要包括干燥、清选和包装。

1. 干燥 黄州萝卜种子采收后如不予干燥，湿种子堆放易发热或霉变烂死，有些种子因含水量大，还容易发芽。因此，种子干燥是确保种子安全储藏、延长使用年限的重要措施。种子经过干燥，不仅可降低种子含水量，还可杀死部分病菌和害虫，削弱种子的生理活性，增强种子的耐储藏性。

种子干燥的快慢主要与空气的温度、湿度及空气流动速度有关。如果将种子置于温度较高、湿度较低、风速较大的条件下，干燥速度快，反之则慢。但种子干燥必须在确保不影响种子生活力的前提下进行。如刚收获的种子含水量较高，且大部分种子处于后熟阶段，生理代谢作用旺盛，因此在干燥时常采用先低温通风、后高温的慢速干燥法。否则，即使种子达到干燥的要求，由于种子生活力已受到影响，已经失去了干燥的意义。

种子由于本身的结构及化学成分不同，对干燥的要求也有所不同。黄州萝卜种子中含有脂肪，属于非亲水性物质，水分比较容易散发，可在高温下快速进行干燥。但由于种子籽粒小、种皮松脆易破，黄州萝卜种子干燥主要采用自然干燥、太阳干燥以及人工机械干燥3种方法。

（1）自然干燥是指处于成熟期或储藏期间的种子，由于种子内水汽与空气湿度的差异，自然失去水分的过程。自然干燥受空气温度、湿度和风速的影响较大。

（2）太阳干燥方法简易，成本低，经济且安全，一般情况下不易使种子丧失生活力，但有时会受到气候条件的限制，同时必须注意晒前全面清理晒场，以免造成机械混杂。此外，所有蔬菜种子都不宜直接放在水泥晒场上暴晒，以防温度过高，损伤种子。在利用太阳干燥时，要薄摊勤翻，增加种子与日光干燥空气的接触面，使种子均匀干燥。

(3) 人工机械干燥也称机械烘干法，具有降水快、工作效率高、不受自然气候条件限制等优点。但人工机械干燥设施较为昂贵，而且技术要求较严格，使用不当时种子容易丧失生活力。在有条件的单位，可以借用粮食加工的烘干设施，但必须选择安全可靠的机械干燥设施。

2. 清选　种子的清选直接影响到种子的产量和质量。通过清选把枯枝碎叶、种壳、土块、虫卵等清除干净，从而提高种子的使用价值，减少病虫害的传播。黄州萝卜种子清选常用的方法有风扬分离、筛选分离及比重分离。①风扬分离是利用鼓风机使轻的种子与重的种子分离，使种子与较轻的杂质、碎屑、灰尘等分离。②筛选分离是利用不同大小、形状的筛孔使种子分层，将夹杂物清除。③比重分离的原理主要是根据种子和夹杂物在密度或比重上的不同来进行分离。根据种子比重的不同，来收集比重大的种子，清除较轻的夹杂物。3 种方法可单独使用，也可将 2 种或 3 种方法结合起来使用。目前多使用具备以上 3 种功能的小型清选机进行清选。

3. 包装　在黄州萝卜种子储藏、运输及销售等过程中，为了防止品种混杂、变质和病虫害，保证种子具有旺盛的生活力，应对生产上使用的黄州萝卜种子进行适当的包装。另外，规范的种子包装也有利于增强国内外市场竞争能力，防止假冒伪劣的散装种子流入市场。

对种子包装的基本要求如下。一方面要求包装容器必须防潮、无毒、不易破裂、重量较轻。目前广泛使用的有尼龙编织袋、纸袋、铁皮罐、聚乙烯铝箔复合袋及聚乙烯袋等。尼龙编织袋主要用于大量种子短期储藏或运输时的包装。铁皮罐适于长期储藏的原种和原始材料。纸袋、聚乙烯铝箔复合袋、聚乙烯袋等主要用作种子零售的小包装。另一方面要求包装的种子的含水量和净度符合国家标准，并应在包装容器上加印或粘贴与所包装种子相符合的标签，按照《中华人民共和国种子法》规定的标准，注明作物和品种名称、采种时间、种子的质量标准、种子数量及栽培技术要点等。

（二）种子储藏

黄州萝卜种子收获后一般不会立即播种，特别是商品种子往往需要经过一段储藏时间，因此在储藏期间内保证种子的生活力也是保证生产的必要措施。

在储藏过程中，有多方面的因素影响种子的生活力。一是种子本身的因素，黄州萝卜种子为中寿命种子（或称为常命种子），寿命一般在3年左右。二是储藏环境的因素，即储藏期间的温度、湿度及空气成分对储藏种子的生活力也有决定性的影响，它们是通过影响种子的呼吸而起作用。种子若处于高温、高湿和有氧的条件下，呼吸作用旺盛，营养分解消耗加速并产生大量的热，从而造成种子变质霉烂。如果种子处于高温、高湿和缺氧的条件下，种子将被迫进行较强的无氧呼吸，造成有毒物质的积累，从而导致种子中毒而失去发芽力。一般在低温、干燥条件下储藏可延长种子寿命和使用年限。

此外，黄州萝卜种子在母株上形成时的生态条件、种子收获、脱粒、干燥、加工和运输过程中如果处理不当，或储藏过程中遭受病虫害也会对储藏种子的生活力造成一定的影响。

第六章

黄州萝卜储藏技术

一、黄州萝卜储藏原理

黄州萝卜的肉质根含水量高、营养丰富、组织脆弱，易受机械损伤而引起有害微生物的侵染，造成腐烂。黄州萝卜储藏保鲜的目的在于尽量减少自然损耗和腐烂损耗，保持新鲜黄州萝卜的品质（形态、色泽、营养和风味等）。自然损耗是指由于生理活动使黄州萝卜的重量、外观、营养成分等在储藏中发生变化而造成的损耗。腐烂损耗是指由于有害微生物活动引起腐烂变质而造成的损耗。

采收后的黄州萝卜作为活的生命个体，主要表现出分解作用，通过呼吸作用直接、间接地联系着各种生化过程，也影响着其耐储藏性和抗病性。采收适时，采后控制环境条件，保持黄州萝卜的良好品质，主要也是为了保持其耐储藏性和抗病性。新鲜黄州萝卜储藏以维持黄州萝卜个体缓慢而又正常的生命活动为原则。

（一）呼吸作用

呼吸作用是植物体中所发生的重要生理功能之一。呼吸作用不是孤立的，它是整个机体代谢的中心，储藏保鲜的一切技术措施，应当是以保证它们正常呼吸为基础。萝卜储藏保鲜时，首先要选择遗传性上耐储藏和抗病的品种，并且采前的外界因素使其耐储藏性、抗病性得到充分的表现。采后要控制储藏的环境条件，主要是为了保持萝卜的耐储藏性和抗病性。黄州萝卜储藏的原理如下：根据黄州萝卜采后的生理特点，维持黄州萝卜缓慢而又正常的生命活动，延缓衰老，保持新鲜黄州萝卜的品质，即形态、色泽、营养和风味等。

呼吸作用是黄州萝卜采后最主要的生理活动，也是生命存在的重要标志。黄州萝卜储藏保鲜技术措施，应以保证其尽可能低而又正常的呼吸代谢为基础。因此，研究黄州萝卜采后的呼吸作用及其调控，对控制其采后的品质变化、生理失调、储藏寿命、病原菌侵染、商品化处理等多方面具有重要意义。

1. 呼吸类型　呼吸作用是指细胞内的有机物在酶的参与下，以糖和淀粉为底物，逐步氧化分解并释放出能量的过程。依据是否有氧参加，表现为有氧呼吸和无氧呼吸两种不同的呼吸类型。有氧呼吸是指细胞利用分子氧将某些有机物质彻底氧化分解，形成二氧化碳和水，同时释放出能量的过程。通常所说的呼吸作用，主要是指有氧呼吸，是植物的主要呼吸方式。无氧呼吸一般是指细胞在无氧条件下，把某些有机物分解成不彻底的氧化产物，同时释放出能量的过程。在黄州萝卜储藏中，不论由何种原因引起的无氧呼吸作用加强，都是正常代谢被干扰、破坏，对储藏都是有害的。

2. 呼吸强度　呼吸强度是评价黄州萝卜新陈代谢快慢的重要指标之一，根据呼吸强度可估计该产品的储藏潜力。呼吸强度以单位鲜重、干重或原生质（以含氮量表示）的植物组织单位时间的氧气消耗量或二氧化碳释放量来表示。呼吸强度的测定方法有多种，常用的方法有气流法、红外线气体分析仪、气相色谱法等。根据呼吸过程中被吸收的氧的量或放出的二氧化碳的量（体积或重量），可以了解呼吸的强度，呼吸强度越大，表明被消耗的呼吸基质越多。

3. 呼吸系数　呼吸系数又称呼吸商（RQ），是植物呼吸中吸入的氧气对释放出的二氧化碳的容积比（$V(CO_2)/V(O_2)$）。一般认为：RQ=1 时，呼吸底物为碳水化合物且被完全氧化；RQ>1 时，缺氧呼吸所占的比重较大；RQ<1 时，底物在氧化过程中脱下的氢相对较多，形成水时消耗的氧气多，氧化时所释放的能量也较多。由于呼吸作用的复杂性，测得的呼吸商也只能综合地反映呼吸的总趋势，不可能准确指出呼吸底物的种类或缺氧呼吸的强度，所以根据黄州萝卜的呼吸系数判断呼吸的性质和呼吸底物的种类，有一定的局限性。

4. 影响黄州萝卜呼吸的因素

（1）发育阶段和成熟度：幼嫩黄州萝卜处于生长最旺盛的阶段，呼吸强度大，各种代谢过程最活跃。同时，这一时期表层组织尚未发育完全，组织内细胞间隙也较大，气体交换容易，内层组织也能获得较充足的氧气。成熟的黄州萝卜新陈代谢强度降低，表皮组织加厚并变得完整，这些都会阻碍气体交换，使得呼吸强度下降，呼吸系数升高。成熟的黄州萝卜次生木质部薄壁细胞多为长方形或菱形，排列整齐，细胞间隙小，三生结构比较发达，分布较密集，肉质较紧实，耐储藏。

(2) 储藏温度：温度是黄州萝卜储藏期影响呼吸作用最重要的环境因素。黄州萝卜收获后，堆放在一起，很容易形成高温，温度升高，酶系统活性加强，因而呼吸强度增强。这种影响在 5～35 ℃范围内最为明显。温度过高一方面可导致酶的钝化或失活，另一方面氧气的供应不能满足组织对氧气消耗的需求，二氧化碳过度积累又抑制了呼吸作用的进行。同样，呼吸强度随着温度的降低而下降，但是如果温度太低，导致冷害，反而会出现不正常的呼吸反应。因此，在不出现冷害的前提下，黄州萝卜采后应尽量降低储运温度，且保持储藏温度的恒定。

(3) 空气湿度：空气湿度是黄州萝卜储藏中影响呼吸作用的重要因素之一，空气湿度低时，黄州萝卜蒸腾萎蔫加速，物质的水解作用加强，积累水解产物，从而促进呼吸作用，使黄州萝卜储藏寿命变短。

(4) 机械损伤和病虫害：黄州萝卜在采收过程中很容易发生机械损伤，同时病虫害亦容易造成伤口。这些伤口一方面使内部组织直接与空气接触，气体交换加强而促进呼吸作用，呼吸强度和乙烯的产生量会明显提高；另一方面机械损伤和病原菌侵袭都会使黄州萝卜产生生理上的保卫反应而加强呼吸。

（二）蒸腾作用

黄州萝卜的含水量高达 92%，细胞汁液充足，细胞膨压较大。采收后的黄州萝卜蒸腾作用仍在持续，组织失水但通常又得不到补充，就会出现萎蔫、疲软、皱缩，失去新鲜状态。由此会给黄州萝卜储藏带来一系列的影响，如蒸腾脱水导致糠心，而且也会增大自然损耗。

1. 蒸腾作用对黄州萝卜储藏的影响　黄州萝卜在储藏中易出现失重现象。失重即“自然损耗”，包括水分和干物质的损失，其中失水是主要的。失水主要是由于蒸腾作用所导致的组织水分散失；干物质消耗则是呼吸作用所导致的细胞内储藏物质的消耗。随着蒸腾失水，细胞含水量减少，水分损失达一定程度会形成萎蔫。萎蔫会加速细胞中有机物质的分解，破坏原生质的正常状态，改变细胞固有的酶作用所需的条件，因而改变了酶的状态，进一步加强了水解作用。组织中水解过程加强，积累了呼吸基质，又会进一步刺激呼吸作用。严重脱水时，甚至会破坏原生质的胶体结构，扰乱正常的新陈代谢，改变呼吸途径，产生并积累 NH_3 等分解物质，使细胞中毒。同时，萎蔫增强了细胞的呼吸作用，增加了营养物质的损失，降低了黄州萝卜的营养价值，并使其趋向衰老。由于原生质发生变化，细胞结构遭到破坏，代谢作用日趋反常，因而削弱了黄州萝卜对微生物的抵抗力，病原菌容易侵入，腐烂程度加重。

2. 影响蒸腾作用的因素　为了防止黄州萝卜在储藏过程中过度蒸腾而引起萎蔫，必须了解影响黄州萝卜水分蒸腾的因素，从而在储藏操作管理中加以控制。

（1）自身因素：黄州萝卜收获时的成熟度、角质层的结构和化学成分及细胞的保水能力等基本一致，影响蒸腾作用的因素主要是比表面积。比表面积一般是指单位重量（或体积）的器官所具有的表面积。水分的蒸发是在表面进行的，比表面积越大，相同重量的产品所具有的蒸腾面积就越大，失水就越多。因此，在相同条件下，个小的黄州萝卜的比表面积要比个大的黄州萝卜的大，蒸腾作用强。

（2）储藏环境影响：黄州萝卜水分蒸腾的决定因素是储藏环境，主要有环境内的湿度、温度和空气流速。在相同的储藏温度条件下，湿度越低，水蒸气的流动速度越快，组织的失水也越快。温度高，细胞液的黏度下降，水分子所受的束缚力减小，移动速度加快，因而容易自由移动，这些都有利于水分的蒸发。空气湿度越高，黄州萝卜蒸腾失水越慢。此外，温度不同，空气的饱和湿度也不同，湿度相同而温度不同的空气，其饱和差也是不同的，温度高的饱和差较大。空气的吸水力直接取决于饱和差而不是湿度，所以在储藏黄州萝卜时不能只注意湿度而不管温度的高低。空气流速大，高湿空气不断被吹走，随之而来的是较干燥的空气，在一定的时间内，空气流速越快，黄州萝卜水分损失越大，所以储藏场所不宜通风过度。

（三）休眠和春化

黄州萝卜没有生理休眠期，在储藏中遇有适宜条件便会萌芽抽薹，这样就使薄壁组织中的水分和养分向生长点转移，从而造成糠心。黄州萝卜的春化，主要是在外界环境条件的综合影响下进行的，通过春化阶段后，酶的活性提高，蒸腾作用强盛，呼吸强度加大，这些生理生化的变化不利于保鲜储藏。因此，储藏黄州萝卜时，应适当地调整环境条件，以延缓通过春化阶段。

（四）成熟和衰老

黄州萝卜收获后物质积累停止，已经积储的各种物质也被自身代谢消耗，其中所含的许多物质会在组织之间转移和再分配，储藏的物质多从作为食用部分的营养储藏器官移向非食用的生长点，这其实是食用器官衰老的症状，并且与水解作用联系密切。黄州萝卜储藏中物质转化、转移、分解和重组的结果均会使黄州萝卜在风味、质地、营养价值、商品性以及耐储藏性、抗病性等方面发生很大改变。

二、黄州萝卜采收技术

黄州萝卜一般在肉质根充分膨大、叶色转淡并开始变为黄绿色时及时采收，以免受冻后在储藏中造成糠心。生产中要根据黄州萝卜的储藏原理、生物学特性和采收后的变化规律，创造适宜的储藏环境。主要是保持适宜而稳定的温度、湿度和气体条件，在一定程度上降低其生理代谢作用和抑制微生物的活动。因此，黄州萝卜的储藏不仅要掌握各种储藏方式的基本特点，还要结合实际情况加以灵活运用。

（一）采收要求

黄州萝卜的采收期要根据播种期、植株生长状况和收获后的用途而定。当肉质根充分膨大、叶色转淡并开始变为黄绿色时就可随时采收，供应市场。采收期的长短要依据种植品种的成熟期及市场需求灵活掌握。当肉质根横径达 6 厘米以上、单根重达 0.5 千克左右时，就可根据市场行情随时采收，这茬黄州萝卜虽然产量不是很高，但产值不低，能增加农民收入，丰富市场。采收期要根据当地的气候条件和品种特性来确定，适期收获。收获过早，肉质根还未充分膨大，气温高，易脱水引起糠心，风味差，品质劣；收获过晚，生育期过长，肉质根组织衰老速度加快，容易引起糠心，同时还容易受冻。黄州萝卜的最适收获时期是在气温低于－3 ℃的寒流到来之前。

（二）采前要求

为确保黄州萝卜产品的食用安全，采前 10～15 天禁止施用任何农药；为便于采后运输和储藏，采收前 1 周停止浇水。

（三）采收后的生理变化

黄州萝卜采收后仍然是有生命的个体，进行着旺盛的生理活动，主要表现为呼吸作用和蒸腾作用。黄州萝卜收获后离开了原来的栽培环境和生长的母体，呼吸作用所需要的原料只能依赖本身储存的有机物和水分，待体内有机物和水分消耗到不能维持正常生理活动时，就会出现各种生理失调现象，即肉质根失水萎蔫、糠心、腐烂等。

黄州萝卜在采收后，由于不断的蒸腾脱水而引起的明显的现象便是失重和失鲜。失重即"自然损耗"，包括水分和干物质的损失，其中失水是最主要的。失鲜是质量方面的损失。随着蒸腾失水，黄州萝卜在形态、结构、色泽、质地、风味等各方面发生变化，降低了黄州萝卜的食用品质和商品品质。影响蒸腾作用的决定因素是储藏条件，主要指空气的温度、相对湿度和流速。温度高会加速黄州萝卜的蒸腾失水；空气湿度越高，黄州萝卜蒸腾失水越慢。储藏中，黄州萝卜因蒸腾作用而使周围空气的湿度接近于饱和。这时若空气静止，空气中水分仅靠扩散向湿度低处移动，速度较慢；若空气流动，则高湿度空气不断被吹走，随之而来的是较干燥的空气，若黄州萝卜周围经常保持着较大的饱和差，就会加强蒸腾作用。风速越大，黄州萝卜越易失水萎蔫。所以，储藏管理要注重温度和湿度的调节，储藏场所不宜通风过度。对储藏的黄州萝卜进行适当的覆盖或包装，是减轻蒸腾失水的有效措施。

（四）采后处理

为保证黄州萝卜商品品质，提高黄州萝卜流通中的质量，采收后需要对黄州萝卜进行整理、分选、包装、预冷等商品化处理。

1. 整理 将黄州萝卜肉质根从土中拔起或挖出后剥去泥土，用于就近上市或装车运输供应市场的黄州萝卜，切去叶片，可保留少量叶柄；用于储藏的黄州萝卜，用刀将叶和茎盘削去。

2. 分选 分级、筛选同时进行。在分选过程中，剔除分杈、裂根、弯曲、黑斑及有破损和病虫害的黄州萝卜，根据不同的消费群体及市场需求，按黄州萝卜肉质根的长短、粗细进行分级，一般分为精品和普通级，做到优质优级，优级优价，分级处理可减少浪费，方便包装和运输。

3. 包装　包装可减少黄州萝卜间摩擦、碰撞和挤压而造成的损伤，使其在流通中保持良好的稳定性，提高商品率。包装可用筐、麻袋、纸箱或编织袋等，装袋时从下往上将清洗后的黄州萝卜朝同一个方向整齐平放；面向超市和作为精品的黄州萝卜先用网状套套在黄州萝卜中段，再进行包装。包装容器要求清洁、干燥、牢固、透气；无污染，无异味，无有毒化学物质；内部无尖突物、光滑，外部无尖刺。包装的规格大小和容量要便于堆码、搬运及机械化、托盘化操作，黄州萝卜产品加包装物的重量一般不超过 20 千克。

4. 预冷　为减少黄州萝卜运输中的损失，提高黄州萝卜保鲜率和商品品质，可将经过整理包装的黄州萝卜进行机械预冷处理，其目的是迅速除去黄州萝卜田间热和呼吸热。黄州萝卜如果不通过预冷处理而进行长途运输，很快便会失水萎蔫、腐烂变质、商品率降低。

机械预冷是在一个经适当设计的绝缘建筑（即冷库）中，借助机械冷凝系统，将冷库内的热传到冷库外，使冷库内的温度降低并保持在有利于延长储藏寿命的范围内。其优点是不受外界环境条件的影响，可以长时间维持冷库内需要的低温。冷库内的温度、空气相对湿度及空气的流通速度都可以控制、调节，以适应黄州萝卜冷藏时的需要。预冷时，将整理过的黄州萝卜搬入冷库，以水平方式堆码，堆码的层数不宜过高，一般以 5 层为宜。无论是袋装，还是尚未包装的产品，在冷库堆放时都应成列、成行整齐排列，每两行或两列之间要留有 30 厘米左右的间隙，以便于进行观察和人工操作。通常情况下，使黄州萝卜的中心温度达到 2～4 ℃，表面温度达－2 ℃的预冷时间大约为 8 小时。经过预冷的黄州萝卜，就可装在专用的运输车上，尽快运往销售目的地。如果不是直接装车运走，应在冷库储藏，冷库应保持 0～3 ℃的温度、90％～95％的空气相对湿度。如果储藏温度保持不当，黄州萝卜出库时会变黄，有斑点。

5. 运输　经过预冷后的黄州萝卜，在装车前应先在车厢底面和厢板四周铺上专用保温棉套，然后再装车，边装边覆盖棉套，装完后检查是否完好。在运输过程中保持低温高湿的环境条件，以免温度升高，影响黄州萝卜的商品性。在有条件的情况下，最好使用专用的空调冷藏车运输，以减少损失，提高黄州萝卜商品率。

三、黄州萝卜储藏保鲜技术

黄州萝卜的冰冻点为－1.1 ℃左右，最适宜的储藏条件为1～3 ℃，空气相对湿度为90％～95％。黄州萝卜的主要储藏方式有置于通风储藏库、冷库等具有固定式建筑结构的储藏场所，它们有较完善的通风系统和隔热结构，在冷库内装有机械制冷设备，可以随时提供所需的低温，不受地区、季节的限制。目前，黄州萝卜储藏保鲜的方法不少，其目的都是保持适宜而稳定的温度、湿度和气体条件，在一定程度上降低黄州萝卜生理代谢作用和抑制有害微生物的活动。因此，应了解各种储藏方法的基本特点，结合实际情况灵活运用。

储藏要点如下。

①适期晚播晚收：用于储藏的黄州萝卜应适当晚播，延迟收获，在不受霜冻的情况下，以尽量晚收为宜。黄州萝卜在当地轻霜后收获较为适宜。黄州萝卜一般在肉质根充分膨大，叶色转淡并开始变为黄绿色时采收。

②收后晾晒预储：黄州萝卜在储藏前要先经晾晒，使其体内的一部分水分蒸发，增加表皮组织的韧性和强度。晾晒要恰到好处，干燥的晴天水分蒸发快。若黄州萝卜不经过晾晒就储藏，因其含水量高，质地脆嫩，肉质根容易折断损伤，并且呼吸作用强，容易引起黄州萝卜腐烂变质。

③注意通风换气：由于黄州萝卜之间摆放较紧密，呼吸作用产生的热量不易散发，特别在储藏前期，气温还比较高，黄州萝卜容易发热腐烂。因此，在储藏期间要注意通风换气，以降温为主；随着气温的不断下降，应逐渐缩小通风口面积，缩短通风时间。

恒温库储藏是近几年被大量应用的新型储藏方式，具有储藏量大、管理方便等特点，而且储藏后的黄州萝卜失水较少、不糠心、脆甜适口。常见的恒温库都是由围护结构、制冷系统和控制系统三大部分构成。恒温库内温度一般保持在0～3 ℃，空气相对湿度一般保持在90%～95%。

（一）恒温储藏对环境条件的要求

1. 温度 初冬黄州萝卜收获后，堆放过程中很容易形成高温，原因有两方面：一是收获时黄州萝卜本身温度较高，热量的积聚形成了高温；二是外界的温度较高，在堆放过程中，呼吸作用旺盛，释放出的热量较多，热量的积聚也造成了高温。在高温条件下，黄州萝卜的呼吸作用旺盛，营养消耗多，导致黄州萝卜的食用品质下降。因此，黄州萝卜采收后应低温存放，储藏最佳温度为0～3 ℃。

2. 湿度 黄州萝卜恒温储藏期间保持适宜的空气相对湿度，湿度过大容易造成腐烂，湿度过小易失水造成糠心。

3. 通风 黄州萝卜储藏中应注意通风。

（二）恒温储藏保鲜技术要点

1. 入库前精选 根据黄州萝卜分级标准进行分类筛选，将黄州萝卜分为一、二、三级分别堆放。

2. 温湿度控制 注意每天要监测、记录恒温库的温度和湿度，恒温库内温度应保持在0～3 ℃，空气相对湿度保持在95%左右，湿度低时要向库壁喷水加湿。

第七章

黄州萝卜食用与加工技术

一、黄州萝卜的食用及食疗方法

萝卜是一种药食皆宜的蔬菜佳品，生产潜力很大。目前，很多国家对开发萝卜食品十分重视并取得了可喜的成果。而我国在萝卜深加工利用方面开发得还不够，大部分萝卜只是被鲜吃鲜用。有的地方还把富余的萝卜作为畜禽的青饲料。现代医学认为，萝卜中含有大量的维生素A、维生素C、淀粉酶、木质素等物质，可抑制癌细胞生长，分解食物中致癌物质——亚硝胺，因而萝卜具有防癌和抗癌功能。

据专家分析，黄州萝卜食品市场前景十分诱人，如果能结合资源实际，开发黄州萝卜食品进行销售，将会取得较理想的效益。典型产品包括：干丝型，将黄州萝卜加工成黄州萝卜干(丝)，经过技术处理后包装出口；汁液型，黄州萝卜汁含有多种维生素及其他对人体有益的营养成分，可调合牛奶、果汁等配制成牛奶黄州萝卜饮料、黄州萝卜果汁饮料、黄州萝卜可乐、黄州萝卜冰激凌等；面粉型，选上好的黄州萝卜晒干研磨成粉拌入面粉中，或加入糖、肉、蒜、香菇等，可做成黄州萝卜面包、黄州萝卜饼干或黄州萝卜糕点等；食疗型，黄州萝卜含有丰富的矿物质，对正在生长发育的儿童有益，还有降低胆固醇的作用，可减少高血压和冠心病的发生。黄州萝卜还可单用或与其他食物配合进行食疗，如黄州萝卜榨汁，加冰糖制成黄州萝卜汁，能宽中下气、消食化痰、清热消炎。黄州萝卜与某些中药配制可开发成黄州萝卜系列保健食品。

(一) 食用方法

黄州萝卜具有很高的营养价值，含有丰富的碳水化合物和多种维生素。黄州萝卜既可生食，也可炒食、腌渍、制干，还可药用，是黄冈人冬天必备的家常蔬菜之一。对于这样一种蔬菜，在长期的食用过程中，人们积累了许多烹饪方法，包括生吃，凉拌，做成热菜、汤饮，甚至还能做成药膳，并汇集了许多民间传说，现就黄州萝卜的主要食用及食疗方法简单介绍如下。

1. 黄州萝卜羊肉汤

（1）用料：黄州萝卜 300 克、羊肉 500 克、豌豆 100 克、香菜 15 克、生姜 10 克、草果 5 克、胡椒 2 克、精盐 8 克、醋 15 克。

（2）做法：①羊肉洗净，切成 2 厘米见方的小块；豌豆精选后淘洗净；黄州萝卜切 3 厘米见方的小块；香菜洗净，切段。②将草果、羊肉、豌豆、生姜放入锅内，加水适量，大火烧沸，再用文火熬 1 小时。③放入黄州萝卜块煮沸，再放入香菜、胡椒、精盐，装碗即成。加醋少许食用。

羊肉性温热，吃多了易上火，黄州萝卜性寒凉，两者同食，正好平衡，而且黄州萝卜能起到去膻味的作用；此汤温胃消食，适用于脘腹冷痛、食滞胃脘、消化不良等症。

2. 黄州萝卜排骨汤

（1）用料：黄州萝卜 500 克，排骨 250 克，猪油 25 克，精盐、料酒、味精适量，葱白 5 克，生姜 2.5 克，清水 600 克。

（2）做法：①排骨用清水洗净，用刀剁成宽 3 厘米、长 5 厘米的小块；黄州萝卜去尾，去皮，洗净，滚刀切块备用。②锅上旺火，下猪油，烧热，放入排骨炸 10 分钟，炸至排骨灰白色、水分近干时，放精盐、生姜，转入砂罐，一次放足清水，加入黄州萝卜块，用文火煨 2 小时，加入味精、葱白。将砂罐移到小火上，继续煨 30 分钟即成。

黄州萝卜能起到解腻的作用，此汤清香爽口，营养丰富。

3. 酱黄州萝卜片

（1）用料：黄州萝卜若干，精盐、酱油、花椒、大茴香、干红辣椒、糖、白酒适量。

（2）做法：①将黄州萝卜洗净切片，加精盐腌制 1 天后，放在通风处晾成半干状。②锅里加酱油、花椒、大茴香、干红辣椒、糖、白酒少许熬沸后放凉。③把晾好的黄州萝卜片放入酱汁里，腌 1 周即可。

此菜口感鲜咸，清脆可口。

（二）食疗方法

黄州萝卜不仅是人们喜爱的大众蔬菜，而且含有多种药用成分，具有食疗功效。

1. 食疗功效

（1）消化系统方面：食积腹胀，消化不良，胃纳欠佳，可以生捣汁饮用；恶心呕吐，泛吐酸水，慢性痢疾，可切碎蜜煎细细嚼咽；便秘，可以煮食；口腔溃疡，可以捣汁漱口。

（2）呼吸系统方面：咳嗽咳痰，最好切碎蜜煎细细嚼咽；咽喉炎，扁桃体炎，声音嘶哑、失声，可以捣汁与姜汁同服；鼻出血，可以生捣汁与酒少许热服，也可以捣汁滴鼻；咯血，与羊肉、鲫鱼同煮熟食；预防感冒，可煮食。

（3）泌尿系统方面：泌尿系统结石，排尿不畅，可切片蜜炙口服；各种水肿，可与浮小麦煎汤服用。

（4）其他方面：有很强的消炎作用；黄州萝卜煮熟食用可美容，通利关节；煎汤外洗可治脚气病；用黄州萝卜叶煎汤饮汁，还可用于解毒、解酒。

由此可见，黄州萝卜既是时蔬，也是良药，具有“大众人参”“菜中人参”的美誉。黄州萝卜不适合脾胃虚弱者食用，大便稀者应减少使用。另外，注意在服用参类滋补药时忌食本品，以免影响疗效。

2. 具体食疗方法

（1）治疗咳嗽：①黄州萝卜1个，切成5毫米见方的小块，陈皮适量，加水2杯，水煎饮用。治疗多痰咳嗽。②黄州萝卜煎汤内服，也可食生黄州萝卜。用于治疗嗓子发干、发痒、咳痰不爽。

（2）治疗支气管炎、哮喘：①黄州萝卜汁1杯，糖9克，炖温服，治疗慢性支气管炎。②黄州萝卜500克，蜂蜜60克，将黄州萝卜洗净削去皮，挖空黄州萝卜中心，装入蜂蜜，用碗盛载，隔水蒸熟服食，具有润肺、止咳、化痰之功效，适用于慢性支气管炎、咳嗽、肺结核之咽干、痰中带血等。

（3）治疗恶心呕吐：黄州萝卜1个，洗净，切丝，捣烂如泥，用蜂蜜50克拌食，分2次吃完。治反胃呕吐、恶心。

二、黄州萝卜的腌渍发酵处理

（一）腌制品的分类

腌制和发酵在萝卜腌制加工中经常会同时应用，如腌制时用盐量较低，腌制过程中就会有显著的乳酸发酵，因此根据用盐量、腌制过程和产品的状态，腌制品可分为发酵性腌制品和非发酵性腌制品两大类。目前我国商品化的腌制萝卜大多仍采用传统的腌制工艺，即干腌法和晒制后腌制等。萝卜腌制的原理实际上是扩散和渗透相结合的过程。萝卜外部溶液和组织内部溶液之间借助溶剂的渗透过程及溶质的扩散过程逐渐趋向平衡，当浓度差逐渐降低直至消失时，扩散和渗透过程就达到平衡。腌制萝卜是我国普遍、传统的蔬菜腌制品之一，其风味独特，口感脆爽入味，深受消费者青睐。

根据腌制萝卜的主要工艺特点和成品含酸量、含盐量等的高低，将其产品分为以下几类。

1. 腌菜类 萝卜腌制时，食盐用量较高，间或加入香料，乳酸发酵轻微。由于盐分高，成品通常感觉不出酸味。

2. 酱菜类 萝卜原料盐渍后，再用酱油及其他配料酱渍而成。

（二）腌制品的加工方法

1. 咸黄州萝卜

(1) 工艺流程。

原料选择→去须根、去顶→洗净→初腌→翻缸→复腌→封口。

(2) 制作技术要点。

①腌制期以每年秋、春、冬 3 个季节较为适宜。

②挑选新鲜黄州萝卜,削去须根和叶,洗干净,晾干水分,经过整理后即可进行腌制。

③腌制。腌制分初腌和复腌两步。初腌时,每100千克鲜黄州萝卜加盐8千克,分层腌制,每层10～12厘米厚,先浇上一点盐水,再均匀地撒上一层盐,上面压上石块。24小时后翻1次缸,48小时后捞到竹箩中用石块压去水分,进行复腌。复腌时,每100千克黄州萝卜加盐10千克,腌制方法同初腌。复腌36小时后捞出黄州萝卜,沥干水分,倒入另一个水缸中压紧,放上竹片,压上石块,再加入溶化好的盐卤浸泡。盐卤应淹没黄州萝卜6～10厘米,30天后即可食用。

2. 腌黄州萝卜丝

(1) 工艺流程。

原料选择→去顶、去须根→洗净→晾干→切丝→调料→入坛盐腌→后熟→成品。

(2) 制作技术要点。

①原料处理:黄州萝卜去顶、去须根,洗净,晾干表面水分,然后切成细丝。

②调料:将辣椒面用温水浸泡一下,沥去水分。将蒜、生姜一起捣成泥,再同辣椒面、食盐搅拌混合,制成调料。

③入坛盐腌:以黄州萝卜丝5千克、大蒜180克、食盐250克、辣椒面250克和生姜50克的比例将调料与黄州萝卜丝均匀搅拌,移入坛中,压上石头等重物。

④后熟:黄州萝卜丝腌制成半透明状,底部有卤汁渗出时,即可食用。

3. 腌黄州萝卜条

(1) 工艺流程。

原料选择→洗净→切条→摊晒→加盐拌揉→翻缸、腌制→晾晒→成品。

(2) 制作技术要点。

①原料处理:将黄州萝卜清洗,削去头、尾,切成12厘米宽的条状。置日光下晾晒3～4天,至黄州萝卜含水量下降至30%时,入缸腌制。

②加盐拌揉:每100千克黄州萝卜条加盐8千克,细心拌揉,使盐溶化,

再入缸，并层层码实、按紧。

③翻缸、腌制：入缸后第二天必须翻缸2次，以后每天翻缸1次，即将其翻至另一口干净缸内。翻缸的目的，一是为了释放腌制时产生的热气，二是为了让咸味一致。

④晾晒：翻缸后，再腌制2周即可将黄州萝卜条取出来，在日光下晾晒至含水量约为20%即成。

三、黄州萝卜的干制加工

萝卜干制是其加工保藏的基本方法之一，通过脱水干燥，减少了萝卜的含水量，提高了可溶性物质的浓度，阻碍了微生物的繁殖，抑制了酶活性，从而延长了萝卜的储藏期，使其便于运输和携带。

萝卜干制主要有自然干制和人工干制两大类，高品质的干制通常采用人工干制。常用的人工干制方法有空气对流干燥、热传导干燥、辐射干燥、冷冻干燥、真空干燥等。

萝卜干制使用最多的方法当属热风干燥，最常采用的是隧道式干燥。由于冷冻干燥能较好地保持干燥产品的色、香、味，因此在萝卜干的加工中也常被采用。

果蔬脆片是近年来开发的一种果蔬风味食品，它以新鲜果蔬为原料，采用真空低温油炸技术或微波膨化技术和速冻干燥技术等加工而成，由于其保留了果蔬原有的色、香、味，并有松脆的口感，富含维生素和多种矿物质，携带方便、保存期长等，是居家、旅游必备的休闲食品。目前已有胡萝卜、甘薯、芹菜、苹果、南瓜、香蕉、木瓜、凤梨、桃子等几十种果蔬脆片生产，深受广大消费者喜爱，但是萝卜脆片还鲜有加工，因此加工萝卜脆片刻不容缓，势在必行。

主要参考文献

[1] 武玲萱，刘钊，王生武. 萝卜实用栽培技术[M]. 北京：中国科学技术出版社，2017.

[2] 韩太利. 潍县黄州萝卜生产实用技术[M]. 北京：金盾出版社，2013.

[3] 王玉刚. 萝卜标准化生产技术[M]. 北京：金盾出版社，2008.

[4] 宋志伟，翟国亮. 蔬菜水肥一体化实用技术[M]. 北京：化学工业出版社，2018.

[5] 涂攀峰，张承林. 根菜类蔬菜水肥一体化技术图解[M]. 北京：中国农业出版社，2019.

[6] 葛长军，闫良，徐丽荣，等. 壁蜂授粉提纯复壮黄州萝卜制种技术[J]. 北方园艺，2019(9)：198-199.

[7] 葛长军，闫良，李世升，等. 国家地理标志保护产品——黄州萝卜[J]. 长江蔬菜，2021(2)：38-39.

[8] 陈年友. 黄冈市国家地理标志产品产业化研究[M]. 武汉：武汉出版社，2019.

[9] 陈全胜. 黄州萝卜提纯复壮技术研究[J]. 黑龙江农业科学，2015(2)：168-169.

[10] 徐跃进，李晓明. 黄州萝卜不同部位种子对后代产量及品质的影响[J]. 长江蔬菜，1990(4)：35-36.

[11] 周伟儒. 果树壁蜂授粉新技术[M]. 北京：金盾出版社，1999.

彩图

图 1-1　黄州萝卜实物图

A. 斛筒型黄州萝卜；B. 斛斗型黄州萝卜

图 1-2　武青 1 号

图 1-3　791 萝卜

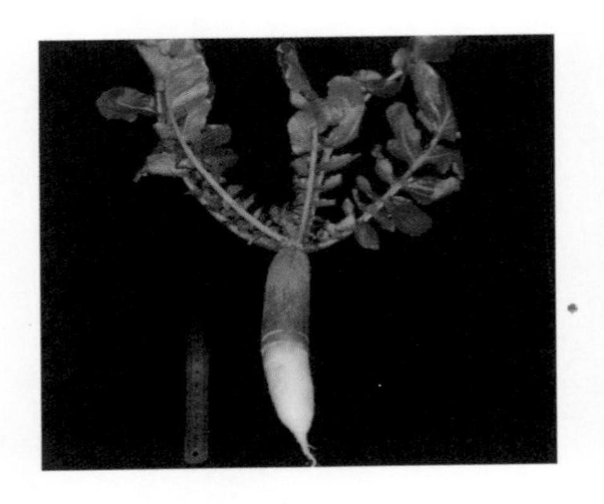

图 1-4 潍县青萝卜

图 1-5 心里美萝卜

图 1-6 春红萝卜

图 1-7 红冠萝卜

图 1-8 七叶红萝卜

图 1-9 南乡萝卜

图 1-10 黄陂脉地湾萝卜

图 1-11 南畔洲萝卜

图 1-12 短叶 13 号萝卜

图 1-13　白玉春

图 2-1　黄州萝卜实物图